普通高等教育"十二五"规划教材

微 积 分
（下册）

主　编　贺建辉
副主编　周　尉　周培桂

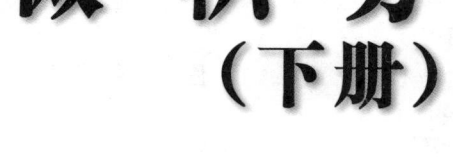

中国水利水电出版社
www.waterpub.com.cn

内 容 提 要

  本书以培养学生的专业素质为目的，是按照教育部关于独立学院培养"本科应用型高级专门人才"的指示精神，面向独立学院经济管理类专业而编写的微积分课程教材。主要特点是把数学知识和经济学、管理学的有关内容有机结合起来，融经济、管理于数学，培养学生用数学知识和方法解决实际问题的能力。

  全书共9章，分为上、下册两册。本书是下册，主要包括多元函数微分学、二重积分、无穷级数、微分方程与差分方程等内容。每章后附有数学文化的内容。

  本书可作为独立学院经济类、管理类专业微积分课程的教材，也可作为本科院校或相关专业微积分课程的选用教材。

图书在版编目（CIP）数据

微积分. 下册 / 贺建辉主编. -- 北京 : 中国水利
水电出版社, 2016.1（2018.7重印）
普通高等教育"十二五"规划教材
ISBN 978-7-5170-4084-2

Ⅰ. ①微… Ⅱ. ①贺… Ⅲ. ①微积分－高等学校－教
材 Ⅳ. ①O172

中国版本图书馆CIP数据核字(2016)第026250号

书　　　名	普通高等教育"十二五"规划教材 **微积分（下册）**
作　　　者	主编　贺建辉　副主编　周尉　周培桂
出 版 发 行	中国水利水电出版社 （北京市海淀区玉渊潭南路1号D座　100038） 网址：www. waterpub. com. cn E-mail：sales@waterpub. com. cn 电话：（010）68367658（营销中心）
经　　　售	北京科水图书销售中心（零售） 电话：（010）88383994、63202643、68545874 全国各地新华书店和相关出版物销售网点
排　　　版	中国水利水电出版社微机排版中心
印　　　刷	北京瑞斯通印务发展有限公司
规　　　格	184mm×260mm　16开本　6.75印张　160千字
版　　　次	2016年1月第1版　2018年7月第2次印刷
印　　　数	2001—4000册
定　　　价	**20.00元**

前言
PREFACE

  本书充分考虑高等教育大众化教育阶段的现实状况，以教育部非数学专业数学基础课教学指导分委员会制定的新的"独立学院经济管理类本科数学基础课程教学基本要求"为依据，结合经管类研究生入学考试对数学的大纲要求而编写。参加本书编写的人员都是多年担任经济数学——微积分实际教学的老师，他们都有较深的理论造诣和较丰富的教学经验。在编写时，以培养应用型人才为目标，将数学基本知识和经济、管理学科中的实际应用有机结合起来，主要有以下几个特点：

  （1）注重体现应用型本科院校特色，根据经济类和管理类的各专业对数学知识的需求，本着"轻理论、重应用"的原则制定内容体系。

  （2）注重内容理论联系实际，在内容安排上由浅入深，与中学数学进行了合理的衔接。在引入概念时，注意了概念产生的实际背景，采用提出问题、讨论问题、解决问题的思路，逐步展开知识点，使得学生能够从实际问题出发，激发学习兴趣；另外在微分学与积分学章节中，重点引入适当的经济、管理类的实际应用例题和课后练习题，以锻炼学生应用数学工具解决实际问题的意识和能力。

  （3）本书结构严谨，逻辑严密，语言准确，解析详细，易于学生阅读。由于抽象理论的弱化，突出理论的应用和方法的介绍，内容深广度适当，使得内容贴近教学实际，便于教师教与学生学。本教材内容分上、下册，包括函数的极限，一元函数微积分学，微分方程，空间解析几何，多元函数微积分学，无穷级数等内容。

  （4）在每一章的结束部分，附加了历史上有杰出贡献的伟大数学家的生平简介，通过了解数学家生平和事迹，可以让学生真正了解数学发展的基本过程，而且能让学生学习数学家追求真理、维护真理的坚韧不拔的科学精神。

  参加本书编写的由浙江理工大学科技与艺术学院贺建辉（第1～3、6、7章），浙江医学高等专科学校葛美宝（第4、5章），浙江理工大学科技与艺术学院周尉（第8章），浙江理工大学科技与艺术学院周培桂（第9章）。全书由贺建辉统稿并多次修改定稿，最后由严克明教授为本教材审稿。在编写过程中，参考和借鉴了许多国内外有关文献资料，并得到了很多同行的帮助和指导，在此对所有关心和支持本书编写、修改工作的教师表示衷心的感谢。

限于编写水平，书中难免有错误和不足之处，殷切希望广大读者批评指正。

编　者

2016 年 1 月

目 录
CONTENTS

第6章 多元函数微分学

在一元函数微积分学中,我们讨论的对象都是一元函数,即只依赖于一个自变量的函数.但在很多自然现象以及实际问题中,经常会遇到多个变量之间的依赖关系.例如,商品的需求量不仅依赖于价格的高低,也依赖于当地消费者收入的多少;一个时间段某城市的人口数依赖于出生数、死亡数、流动人口数等.这些影响因素相互独立,反映到数学上,就是一个变量依赖于多个变量的情形.因此,引入多元函数以及多元函数的微积分问题.

本章将在一元函数微分学的基础上,讨论多元函数微分法及其应用.讨论中将以二元函数为主,并将概念、性质与结论推广到二元以上的函数.

6.1 空间解析几何简介

解析几何是用代数方法研究几何图形的科学.如果研究的是平面上的几何图形,称为平面解析几何;如果研究的是三维空间的几何图形,则称为空间解析几何.它们的共同特点是通过点和坐标的对应关系,将数学研究的两个基本对象数量关系和空间形式结合起来,使得人们可以用代数方法研究几何问题,也可以用几何方法解决代数问题.

在这一节中我们仅简单介绍空间解析几何的一些基本概念,包括空间直角坐标系、空间两点间的距离、空间曲面及其方程等概念.这些内容对我们学习多元函数的微分学和积分学将起到重要的作用.

6.1.1 空间直角坐标系

为了确定平面上任意一点的位置,我们建立了平面直角坐标系,把平面上的点与有序数组〔即点的坐标 (x, y)〕对应起来.现在,为了把空间的任意一点与有序数组对应起来,我们来建立空间直角坐标系.

过空间一定点 O,作三条相互垂直的数轴,依次记为 x 轴(横轴)、y 轴(纵轴)、z 轴(竖轴),统称为坐标轴.它们构成一个空间直角坐标系 $Oxyz$(图 6.1.1).空间直角坐标系有右手系和左手系两种.右手系即将右手伸直,拇指朝上为 z 轴的正方向,其余四指的指向为 y 轴的正方向,四指弯曲 90°后的指向为 y 轴的正方向.我们通常采用右手系,如图 6.1.1 所示.

在图 6.1.1 中,点 O 称为坐标原点,每两条坐标轴确定一个平面,称为坐标平面.由 x 轴和 y 轴确定的平面称为 xOy 平面、由 y 轴和 z 轴确定的平面称为 yOz 平面;由 x 轴和 z 轴确定的平面称为 xOz 平面.通常,将 xOy 平面配置在水平面上.

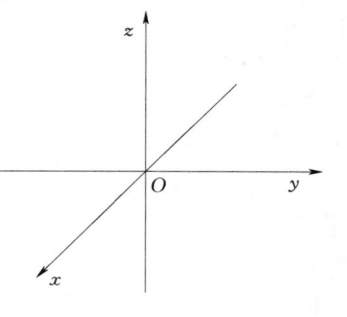

图 6.1.1

1

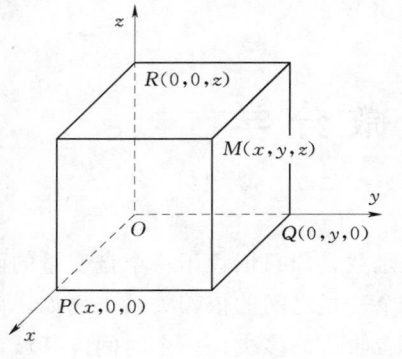

图 6.1.2

三个坐标平面将空间分成 8 个部分，称为 8 个卦限.

对于空间中任意一点 M，过该点作三个平面，分别垂直于 x 轴、y 轴、z 轴，且与这三个轴分别交于 P、Q、R 三点，如图 6.1.2 所示. 设 $OP=x$，$OQ=y$，$OR=z$，则点 M 唯一确定了一个三元有序数组 (x,y,z). 而对任意一个三元有序数组 (x,y,z)，在 x 轴、y 轴、z 轴上取点 P、Q、R，使 $OP=x$，$OQ=y$，$OR=z$，然后过 P、Q、R 三点分别垂直于 x 轴、y 轴、z 轴的平面，这三个平面相交于一点 M，则由一个三元有序数组唯一确定了空间的一个点 M.

于是，空间的任意一点 M 与一个三元有序数组 (x,y,z) 建立了一一对应关系，这个三元有序数组称为点 M 的坐标，记为 $M(x,y,z)$. 如坐标原点的坐标为 $(0,0,0)$，x 轴上点的坐标为 $(x,0,0)$，y 轴上点的坐标为 $(0,y,0)$，z 轴上点的坐标为 $(0,0,z)$.

6.1.2　空间两点的距离

给定空间两点 $M_1(x_1,y_1,z_1)$、$M_2(x_2,y_2,z_2)$，过 M_1、M_2 各作三个平面分别垂直于三个坐标轴. 这六个平面构成了一个以线段 M_1M_2 为一条对角线的长方体，如图 6.1.3 所示. 由图可知：

$$|M_1M_2|^2 = |M_1S|^2 + |SM_2|^2$$
$$= |M_1N|^2 + |NS|^2 + |SM_2|^2$$
$$= |x_2-x_1|^2 + |y_2-y_1|^2 + |z_2-z_1|^2$$

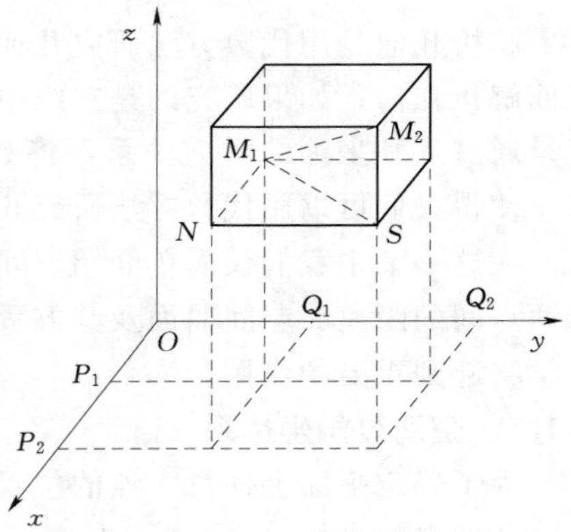

于是求得空间两点 $M_1(x_1,y_1,z_1)$ 与 $M_2(x_2,y_2,z_2)$ 之间的距离公式为

$$|M_1M_2| = \sqrt{(x_2-x_1)^2+(y_2-y_1)^2+(z_2-z_1)^2}$$

特别地，若两点分别为坐标原点 $(0,0,0)$ 和 $M(x,y,z)$，则 $|OM| = \sqrt{x^2+y^2+z^2}$. 若点 $M_1(x_1,y_1,z_1)$ 与 $M_2(x_2,y_2,z_2)$ 均位于 xOy 平面上，即 $z_1=z_2=0$，则得 xOy 平面上任意两点 $M_1(x_1,y_1,0)$ 与 $M_2(x_2,y_2,0)$ 间的距离公式：

图 6.1.3

$$|M_1M_2| = \sqrt{(x_2-x_1)^2+(y_2-y_1)^2}$$

例 6.1.1　设 P 在 x 轴上，它到点 $P_1(0,\sqrt{2},3)$ 的距离为到点 $P_2(0,1,-1)$ 的距离的 2 倍，求点 P 的坐标.

解　设 P 点坐标为 $(x,0,0)$，则

$$|PP_1| = \sqrt{x^2+(\sqrt{2})^2+3^2} = \sqrt{x^2+11}$$

$$|PP_2| = \sqrt{x^2+(-1)^2+1^2} = \sqrt{x^2+2}$$

因为 $|PP_1|=2|PP_2|$，所以 $\sqrt{x^2+11}=2\sqrt{x^2+2}$. 解得 $x=\pm1$，P 点坐标为 $(1,0,0)$ 或 $(-1,0,0)$.

6.1.3 空间曲面及其方程

与平面解析几何中建立曲线与方程的对应关系一样，可以建立空间曲面与包含三个变量的方程 $F(x,y,z)=0$ 的对应关系.

定义 6.1.1 在空间直角坐标系中，如果曲面 S 上任意一点的坐标都满足方程 $F(x,y,z)=0$，而不在曲面 S 上的任何点的坐标都不满足该方程，则方程 $F(x,y,z)=0$ 称为曲面 S 的方程. 而曲面 S 就称为方程 $F(x,y,z)=0$ 的图形，如图 6.1.4 所示.

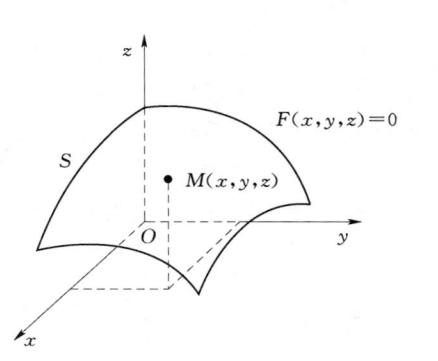

图 6.1.4

下面给出常见的空间曲面.

平面是空间中最简单而且最重要的曲面. 平面的一般方程为

$$Ax+By+Cz+D=0,$$

其中 A、B、C 是不全为零的常数.

特别地，xOy 平面的方程为 $z=0$，yOz 平面的方程为 $x=0$，xOz 平面的方程为 $y=0$.

例 6.1.2 已知 $A(1,1,1)$，$B(0,-1,2)$，求线段 AB 的垂直平面的方程.

解 设 $M(x,y,z)$ 是所求平面上的任一点，根据题意，所求的平面就是与 A 和 B 等距离的点的几何轨迹. 由于

$$|AM|=|BM|$$

所以

$$\sqrt{(x-1)^2+(y-1)^2+(z-1)^2}=\sqrt{x^2+(y+1)^2+(z-2)^2}$$

化简得

$$x+2y-z+1=0$$

这就是所求平面上的点的坐标所满足的方程，而不在此平面上的点的坐标都不满足这个方程，所以这个方程就是所求平面的方程.

例 6.1.3 求球心在原点，半径为 R 的球面方程.

解 设 $M(x,y,z)$ 是所求球面上任一点，根据题意，有 $|OM|=\sqrt{x^2+y^2+z^2}=R$，因此，球面方程为 $x^2+y^2+z^2=R^2$.

$z=\sqrt{R^2-x^2-y^2}$ 为球面的上半部，如图 6.1.5 所示.

$z=-\sqrt{R^2-x^2-y^2}$ 为球面的下半部，如图 6.1.6 所示.

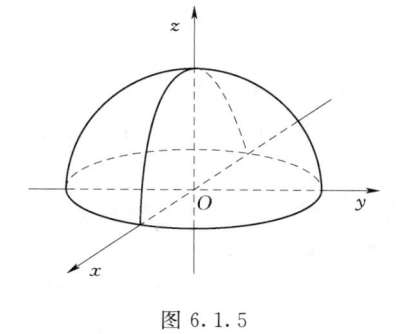

图 6.1.5

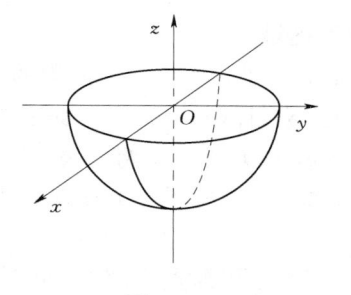

图 6.1.6

例 6.1.2 和例 6.1.3 均是已知曲面上的点所满足的几何条件（即已知点的轨迹），建立曲面方程．另一类问题是已知曲面方程，研究曲面的几何形状．

例 6.1.4 求由方程 $x^2+y^2=a^2$ 确定的曲面．

解 方程 $x^2+y^2=a^2$ 在平面上表示以原点为圆心，半径为 a 的圆．由于方程不含 z，意味着 z 可取任何值，只要 x 和 y 满足 $x^2+y^2=a^2$，就可将 xOy 平面上的圆沿垂直于 z 轴的方向，上下移动而形成的圆柱面即是所求的曲面，如图 6.1.7 所示．

例 6.1.5 求由方程 $z=x^2+y^2$ 确定的曲面．

解 用平面 $z=a$ 截曲面 $z=x^2+y^2$，其截痕迹方程为

$$x^2+y^2=a, z=a$$

当 $a=0$ 时，只有点 $(0，0，0)$ 满足方程．

当 $a>0$ 时，截痕为在平面 $z=a$ 上的一个圆，其中圆心为 $(0，0，a)$，半径为 $\sqrt{a}$．当平面 $z=a$ 向上移动时，截痕的圆也越来越大．

当 $a<0$ 时，平面与曲面无交点．

于是，我们描绘出由方程 $z=x^2+y^2$ 确定的曲面为图 6.1.8，该曲面称为旋转抛物面。如果用平面 $x=x_0$ 或 $y=y_0$ 去截该曲面，则截痕均为抛物线．

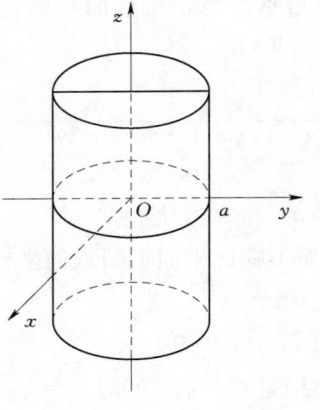

图 6.1.7

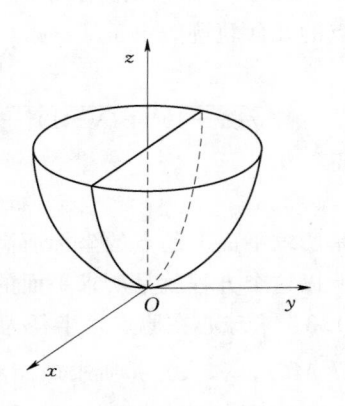

图 6.1.8

6.2 多元函数的基本概念

6.2.1 平面区域

在平面直角坐标系中，平面上的点 P 与二元有序实数组 $(x，y)$ 一一对应，于是，我们常把有序数组 $(x，y)$ 与平面上的点 P 视作是等同的．二元有序数组的全体，即 $R^2=\{(x,y)|(x,y\in R\}$ 就表示坐标平面．

定义 6.2.1 坐标平面上具有某种性质 P 的点的集合，称为平面点集．记作

$$E=\{(x,y)|(x,y)\text{具有性质 }P\}$$

例如，平面上以原点为中心，r 为半径的圆（图 6.2.1）内所有点的集合是

$$E=\{(x,y)\,|\,x^2+y^2<r^2\}$$

而集合

$$C=\{(x,y)\,|\,a\leqslant x\leqslant b,c\leqslant y\leqslant d\}$$

则表示平面一矩形及其内部所有点的全体，如图 6.2.2 所示.

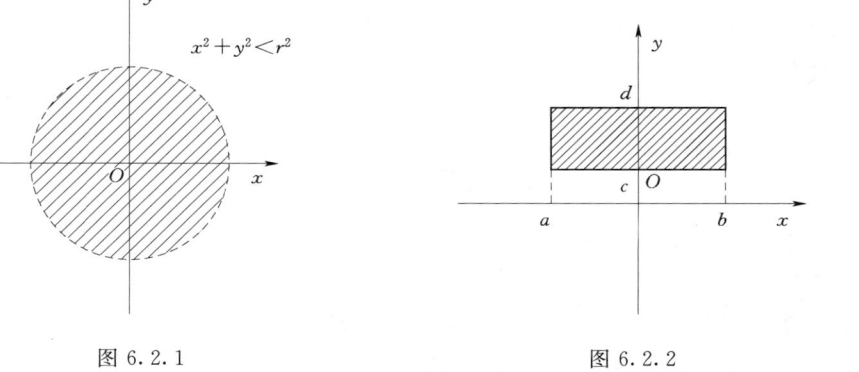

图 6.2.1　　　　　　　　　　图 6.2.2

定义 6.2.2　设 P_0 是 xOy 平面上的一点，δ 是某一正数. 到点 $P_0(x_0,y_0)$ 的距离小于 δ 的点 $P(x,y)$ 的全体，称为点 P_0 的 δ **邻域**，记为 $U(P_0,\delta)$，即

$$U(P_0,\delta)=\{P\,\|\,PP_0\,|<\delta\}$$

也就是

$$U(P_0,\delta)=\{(x,y)\,|\,\sqrt{(x-x_0)^2+(y-y_0)^2}<\delta\}$$

我们把

$$\{(x,y)\,|\,0<\sqrt{(x-x_0)^2+(y-y_0)^2}<\delta\}$$

称为点 P_0 的**去心 δ 邻域**，记作 $\mathring{U}(P_0,\delta)$.

在几何上，$U(P_0,\delta)$ 就是 xOy 面上以点 $P_0(x_0,y_0)$ 为中心，以 $\delta(>0)$ 为半径的圆的内部的点 $P(x,y)$ 的全体.

若不需要强调邻域半径 δ，也可写成 $U(P_0)$，点 P_0 的去心邻域记为 $\mathring{U}(P_0)$。

整个坐标面或坐标面上由几条曲线所围成的部分称为平面区域. 围成平面区域的曲线称为该区域的**边界**，边界上的点称为**边界点**. 包含边界的区域称为闭区域，不包含边界的区域称为开区域，包含部分边界的区域称为**半开区域**. 如果区域可以被包含在以原点为圆心的某一圆域内，则称为**有界区域**，否则称为**无界区域**.

例如，点集 $E=\{(x,y)\,|\,x^2+y^2<r^2\}$ 是有界开区域，$C=\{(x,y)\,|\,a\leqslant x\leqslant b,c\leqslant y\leqslant d\}$ 为有界闭区域，而 $D=\{(x,y)\,|\,0\leqslant x,x\leqslant y\}$ 为无界区域.

6.2.2　二元函数的概念

定义 6.2.3　设 D 是平面上的一个非空点集，如果对于 D 内的任意一点 (x,y)，按照对应法则 f，都有唯一确定的实数 z 与之对应，则称 f 是 D 上的二元函数，它在 (x,y) 处的函数值记为 $f(x,y)$，即 $z=f(x,y)$. x、y 称为自变量，z 称为因变量，D 称为该函数的定义域，数集 $\{z\,|\,z=f(x,y),(x,y)\in D\}$ 称为该函数的值域.

　　类似地，可以定义三元及三元以上的函数，只需将平面点集 D 改为三维空间或 n 维空间中的点集就可以了，通常简记 n 元函数为 $u=f(x_1,x_2,\cdots,x_n)$．

　　与一元函数类似，讨论二元函数的自然定义域时，只要求出使二元函数的表达式有意义的点集 D 即可．在讨论实际问题中涉及的二元函数时，其定义域由问题的实际意义确定．

　　例 6.2.1　求二元函数 $z=\sqrt{1-x^2-y^2}$ 的定义域．

　　解　要使函数表达式有意义，则需满足
$$1-x^2-y^2\geqslant0$$
故所求函数的定义域为
$$D=\{(x,y)\,|\,x^2+y^2\leqslant1\}$$
在几何上它表示 xOy 平面上的单位圆 $x^2+y^2=1$ 的内部以及圆周上的点的集合，如图 6.2.3 阴影部分所示．

　　例 6.2.2　求二元函数 $z=\ln(x+y)$ 的定义域，并用图形加以表示．

　　解　要使函数表达式有意义，则需满足 $x+y>0$，故所求定义域为
$$D=\{(x,y)\,|\,x+y>0\}$$
定义域 D 如图 6.2.4 阴影部分所示．

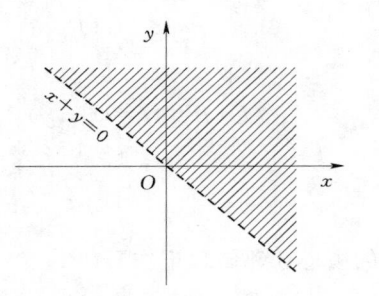

图 6.2.3　　　　　　　　　　　　　　图 6.2.4

　　例 6.2.3　已知函数 $f(x+y,x-y)=xy$，求 $f(x,y)$．

　　解　设 $u=x+y$，$v=x-y$，则 $x=\dfrac{u+v}{2}$，$y=\dfrac{u-v}{2}$，代入得
$$f(u,v)=\frac{u^2-v^2}{4}$$

所以 $f(x,y)=\dfrac{x^2-y^2}{4}$．

　　二元函数的几何意义：设函数 $z=f(x,y)$ 的定义域为 D，对于任意取定的点 $P(x,y)\in D$，对应的函数值为 $z=f(x,y)$．这样，以 x 为横坐标、y 为纵坐标、z 为竖坐标在空间就确定一点 $M(x,y,z)$．当遍取 D 上的一切点时，得到一个空间点集
$$\{(x,y,z)\,|\,z=f(x,y),(x,y)\in D\}$$
这个点集称为**二元函数 $z=f(x,y)$ 的图形**．

　　二元函数 $z=f(x,y)$ 的图形通常是空间中的一张曲面，而其定义域 D 就是此曲面

在 xOy 平面上的**投影**，如图 6.2.5 所示.

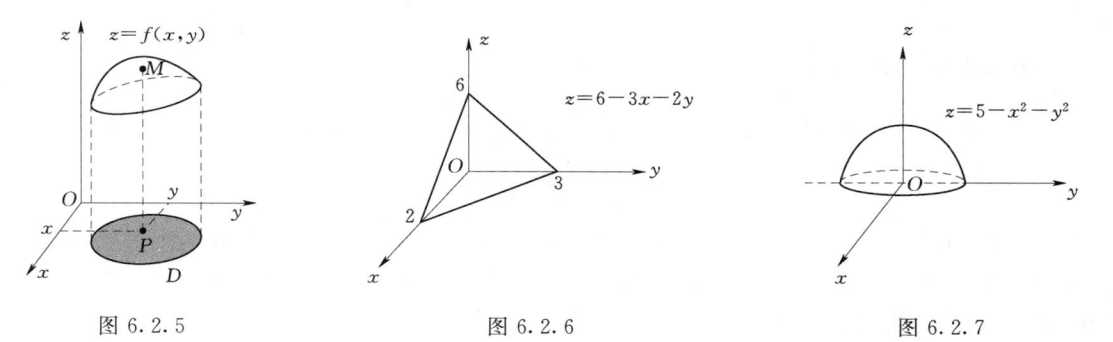

图 6.2.5   图 6.2.6   图 6.2.7

由空间解析几何可知，线性函数 $z=6-3x-2y$ 的图形是平面（图 6.2.6），而函数 $z=5-x^2-y^2$ 的图形是旋转抛物面（图 6.2.7）.

6.2.3 二元函数的极限

函数的极限是研究自变量的变化过程中，函数的变化趋势. 类似于一元函数的极限，我们研究当点 $P(x,y) \to P_0(x_0,y_0)$ 时，函数 $z=f(x,y)$ 的变化趋势.

定义 6.2.4 设二元函数 $z=f(x,y)$ 在 $P_0(x_0,y_0)$ 的某一去心邻域内有定义，A 为确定的常数，当该邻域内的点 $P(x,y)$ 在平面 xOy 内以任意方式无限接近于点 $P_0(x_0,y_0)$ 时，对应的函数值无限接近于常数 A，则称常数 A 为函数 $z=f(x,y)$ 当 $(x,y) \to (x_0,y_0)$ 时的**极限**. 记作

$$\lim_{(x,y)\to(x_0,y_0)} f(x,y)=A \text{ 或 } f(x,y)\to A((x,y)\to(x_0,y_0))$$

为了区别于一元函数的极限，我们把二元函数的极限叫做**二重极限**.

注意：（1）本定义是二元函数极限的直观定义，并没有给出求二元函数极限的方法.

（2）本定义的关键之处在于：点 $P(x,y)$ 在平面 xOy 内以任意方式无限接近于点 $P_0(x_0,y_0)$. 例如，动点 $P(x,y)$ 可以以直线的方式无限接近于点 $P_0(x_0,y_0)$，也可以以曲线的方式无限接近于点 $P_0(x_0,y_0)$. 但无论哪种方式，均有函数值 $f(x,y)$ 无限接近于常数 A. 但是反过来，如果当动点 $P(x,y)$ 以不同的方式接近于点 $P_0(x_0,y_0)$ 时，函数值 $f(x,y)$ 无限接近于不同的值，那么就可以判断这个函数的极限不存在.

二重极限有与一元函数的极限类似的运算法则.

例 6.2.4 求极限 $\displaystyle\lim_{(x,y)\to(0,2)} \frac{\sin xy}{x}$

解 因为 $\displaystyle\lim_{(x,y)\to(0,2)} \frac{\sin xy}{xy}=1$，所以

$$原式 = \lim_{(x,y)\to(0,2)} \frac{\sin xy}{xy} \cdot y = \lim_{(x,y)\to(0,2)} \frac{\sin xy}{xy} \cdot \lim_{(x,y)\to(0,2)} y = 2$$

例 6.2.5 求极限 $\displaystyle\lim_{(x,y)\to(0,0)} (x^2+y^2) \sin \frac{1}{x^2+y^2}$

解 令 $x^2+y^2=u$，则 $\displaystyle\lim_{(x,y)\to(0,0)} u=0$，则原式变为 $\displaystyle\lim_{u\to0} u\sin \frac{1}{u}$，根据有界函数和无穷小的乘积仍然是无穷小可知

$$\lim_{(x,y)\to(0,0)}(x^2+y^2)\sin\frac{1}{x^2+y^2}=\lim_{u\to0}u\sin\frac{1}{u}=0$$

例 6.2.6 求 $\lim\limits_{\substack{x\to0\\y\to0}}\dfrac{2xy}{x^2+y^2}$

解 当 $P(x，y)$ 沿直线 $y=kx$ 无限接近点 （0，0） 时，极限如果存在，则其值为

$$\lim_{x\to0}\frac{2kx^2}{x^2+k^2x^2}=\frac{2k}{1+k^2}$$

显然，当 k 取不同值时，上式的值不同．说明了当点 $P(x，y)$ 沿不同方式无限接近于点
（0，0） 时，函数值 $f(x，y)$ 不能无限接近一个确定的常数，故原极限不存在．

6.2.4 二元函数的连续性

定义 6.2.5 设二元函数 $z=f(x，y)$ 在 $P_0(x_0，y_0)$ 的某个邻域内有定义，如果

$$\lim_{(x,y)\to(0,0)}f(x,y)=f(x_0,y_0)$$

则称函数 $z=f(x，y)$ 在点 （$x_0，y_0$） 处**连续**．如果函数 $z=f(x，y)$ 在点 （$x_0，y_0$） 处
不连续，则称函数 $z=f(x，y)$ 在点 （$x_0，y_0$） 处**间断**．

例如，（0，0） 是函数 $f(x，y)=\dfrac{1}{x^2+y^2}$ 的间断点，而函数 $f(x，y)=\dfrac{1}{x^2+y^2-1}$ 的间
断点是 $\{(x,y)|x^2+y^2=1\}$．

定义 6.2.6 设二元函数 $z=f(x，y)$ 在某区域 D 内的每一点都是连续的，则称它
在区域 D 内连续，$z=f(x，y)$ 称为区域 D 内的连续函数．

利用二元函数的极限运算法则可以证明，二元函数的和、差、积、商（在分母不为零
处）仍是连续函数，二元函数的复合函数也是连续的．

有界闭区域 D 上连续的二元函数具有与一元函数类似的性质．

定理 6.2.1（有界性定理） 有界闭区域 D 上连续的二元函数在区域 D 上有界．

定理 6.2.2（最大值和最小值定理） 有界闭区域 D 上连续的二元函数在区域 D 上存
在最大值和最小值．

定理 6.2.3（介值定理） 有界闭区域 D 上连续的二元函数一定可以取得介于最大值
和最小值之间的任何值．

例 6.2.7 求 $\lim\limits_{\substack{x\to1\\y\to0}}\dfrac{e^x+y}{x+y}$

解 令 $z=\dfrac{e^x+y}{x+y}$，它是连续函数，（1，0）是其定义域内的一个点，因此

$$\lim_{\substack{x\to0\\y\to1}}\frac{e^x+y}{x+y}=\frac{e^1+0}{1+0}=e$$

例 6.2.8 求 $\lim\limits_{\substack{x\to0\\y\to0}}\dfrac{\sqrt{xy+4}-2}{xy}$

解
$$\lim_{\substack{x\to0\\y\to0}}\frac{\sqrt{xy+4}-2}{xy}=\lim_{\substack{x\to0\\y\to0}}\frac{xy}{xy(\sqrt{xy+4}+2)}$$
$$=\lim_{\substack{x\to0\\y\to0}}\frac{1}{\sqrt{xy+4}+2}$$

$$= \frac{1}{\sqrt{0 \times 0 + 4} + 2} = \frac{1}{4}$$

习　题　6.2

1. 求下列函数的定义域，并画出定义域的图形．

(1) $f(x, y) = \sqrt{9 - x^2 - y^2} + \ln(x^2 - y)$　　(2) $f(x, y) = \ln(x + y + 2)$

(3) $f(x, y) = \sqrt{4x^2 + y^2 - 1}$　　　　　　　(4) $f(x, y) = \dfrac{\sqrt{4x - y^2}}{\ln(1 - x^2 - y^2)}$

2. 求下列函数的极限．

(1) $\lim\limits_{(x, y) \to (a, 0)} \dfrac{\sin xy}{y}$　　　　　　　(2) $\lim\limits_{\substack{x \to 0 \\ y \to 0}} = \dfrac{2 - \sqrt{xy + 4}}{xy}$

(3) $\lim\limits_{\substack{x \to 0 \\ y \to 0}} (x + y) \sin \dfrac{1}{x} \cos \dfrac{1}{y}$

3. 设 $f(x, y) = \dfrac{x - y^2}{x}$，证明：$f(x, y)$ 在点 （0，0） 处极限不存在．

6.3　偏　导　数

一元函数 $y = f(x)$ 导数的定义为函数增量与自变量增量比值的极限，即 $f'(x_0) = \lim\limits_{\Delta x \to 0} \dfrac{\Delta y}{\Delta x}$. 而对二元函数而言，自变量个数增多，自变量改变的方向是无限多的，但是我们仍然可以考虑二元函数对于某一个自变量的变化率，也就是在其中一个自变量发生变化，而另外一个自变量保持不变的情形下，考虑函数对于该自变量的变化率．我们选择其中两种：①固定 $y = y_0$，变量 x 沿平行于 x 轴方向趋向于 x_0；②固定 $x = x_0$，变量 y 沿平行于 y 轴方向趋向于 y_0. 下面我们给出偏导数的定义．

6.3.1　偏导数的定义

定义 6.3.1　设函数 $z = f(x, y)$ 在点 （x_0，y_0） 的某个邻域内有定义，当 y 固定在 y_0，而 x 在 x_0 处有增量 Δx 时，函数相应地取得增量 $f(x_0 + \Delta x, y_0) - f(x_0, y_0)$，如果

$$\lim\limits_{\Delta x \to 0} \frac{f(x_0 + \Delta x, y_0) - f(x_0, y_0)}{\Delta x}$$

存在，则称此极限为函数 $z = f(x, y)$ 在点 （x_0，y_0） 对 x 的**偏导数**，记作

$$\frac{\partial z}{\partial x}\bigg|_{(x_0, y_0)}, z_x(x_0, y_0), \frac{\partial f}{\partial x}\bigg|_{(x_0, y_0)}, f_x(x_0, y_0) \text{ 或 } f_1'(x_0, y_0)$$

类似地，如果

$$\lim\limits_{\Delta y \to 0} \frac{f(x_0, y_0 + \Delta y) - f(x_0, y_0)}{\Delta y}$$

存在，则称此极限为函数 $z = f(x, y)$ 在点 （x_0，y_0） 对 y 的**偏导数**，记作

$$\frac{\partial z}{\partial y}\bigg|_{(x_0, y_0)}, z_y(x_0, y_0), \frac{\partial f}{\partial y}\bigg|_{(x_0, y_0)}, f_y(x_0, y_0) \text{ 或 } f_2'(x_0, y_0)$$

如果函数 $z=f(x,y)$ 在区域 D 内任一点 (x,y) 处对 x 或 y 的偏导数都存在，那么这些偏导数仍然是 x、y 的函数，它们称为函数 $z=f(x,y)$ 对 x 或 y 的**偏导函数**（简称偏导数），记为

$$\frac{\partial z}{\partial x}, z_x, \frac{\partial f}{\partial x}, f_x \text{ 或 } f_1'$$

$$\frac{\partial z}{\partial y}, z_y, \frac{\partial f}{\partial y}, f_y, \text{ 或 } f_2'$$

上述定义表明，计算多元函数对某个变量的偏导数时，只需要把其余自变量看作常数，然后利用一元函数的求导公式和求导法则进行计算.

偏导数的概念很容易推广到三元及三元以上的函数的偏导数.

例 6.3.1 设函数 $z=f(x,y)=x^2+3xy-y^2$，求 $f_x(1,1)$，$f_y(1,1)$.

解 把 y 看作常数，对 x 求导，得

$$f_x(x,y)=2x+3y$$

把 x 看作常数，对 y 求导，得

$$f_y(x,y)=3x-2y$$

所以

$$f_x(1,1)=2+3\times1=5，f_y(1,1)=3-2\times1=1$$

例 6.3.2 设函数 $z=x^y(x>0，x\neq1)$，求证

$$\frac{x}{y}\frac{\partial z}{\partial x}+\frac{1}{\ln x}\frac{\partial z}{\partial y}=2z$$

证明 因为 $\dfrac{\partial z}{\partial x}=yx^{y-1}$，$\dfrac{\partial z}{\partial y}=x^y\ln x$，所以

$$\frac{x}{y}\frac{\partial z}{\partial x}+\frac{1}{\ln x}\frac{\partial z}{\partial y}=\frac{x}{y}\cdot yx^{y-1}+\frac{1}{\ln x}\cdot x^y\ln x=x^y+y^y=2z$$

例 6.3.3 设函数 $f(x,y)=\begin{cases}\dfrac{2xy}{x^2+y^2}, & x^2+y^2\neq0 \\ 0, & x^2+y^2=0\end{cases}$，求 $f(x,y)$ 在原点处的两个偏导数.

解 在点 $(0,0)$ 处对 x 的偏导数为 $f_x(0,0)=\lim\limits_{\Delta x\to0}\dfrac{f(0+\Delta x,0)-f(0,0)}{\Delta x}=0$.

对 y 的偏导数为 $f_y(0,0)=\lim\limits_{\Delta y\to0}\dfrac{f(0,0+\Delta y)-f(0,0)}{\Delta y}=0$.

由例 6.2.6 可知 $\lim\limits_{(x,y)\to(0,0)}f(x,y)$ 不存在，故 $f(x,y)$ 在点 $(0,0)$ 处不连续.

关于二元函数的偏导，补充以下几点：

（1）$\dfrac{\partial z}{\partial x}$、$\dfrac{\partial z}{\partial y}$ 是一个整体，不能看成商. 而一元函数 $y=f(x)$ 的导数 $f'(x)=\dfrac{\mathrm{d}y}{\mathrm{d}x}$ 可以看成商.

（2）二元函数在某一点处的两个偏导数均存在，未必在该点处连续，如例 6.3.3. 一元函数在某一点处可导，则一定在该点处连续.

（3）类似于一元分段函数，计算二元分段函数在分段点处的偏导，要用定义，如

例 6.3.3.

6.3.2 偏导数的几何意义

二元函数 $z=f(x,y)$ 在点 (x_0,y_0) 处的偏导数 $f_x(x_0,y_0)$ 即为 $\dfrac{\mathrm{d}f(x,y_0)}{\mathrm{d}x}\bigg|_{x_0}$，

实质上是一元函数 $f(x,y_0)$ 在点 (x_0,y_0) 处对 x 的导数，故由导数的几何意义可知，

$f_x(x_0,y_0)$ 表示曲线 $\begin{cases}z=f(x,y)\\y=y_0\end{cases}$ 在点 (x_0,y_0) 处的切线对 x 轴的斜率，如图 6.3.1

所示．同理，偏导数 $f_y(x_0,y_0)$ 表示曲线 $\begin{cases}z=f(x,y)\\x=x_0\end{cases}$ 在点 (x_0,y_0) 处的切线对 y 轴

的斜率．

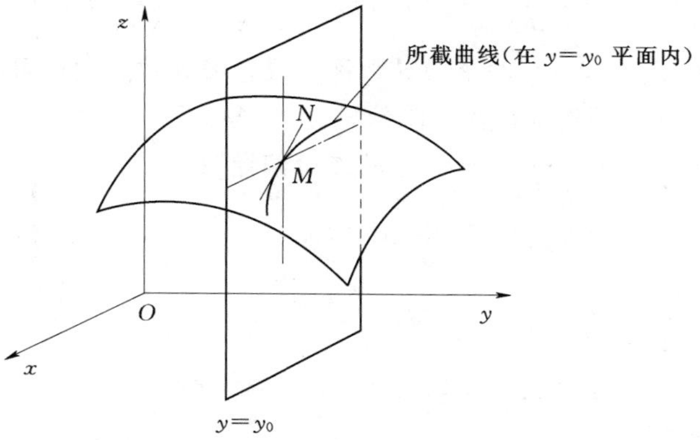

图 6.3.1

6.3.3 偏导数的经济意义

设某产品的经济函数 $Q=Q(x,y)$，记函数 Q 对于 x、y 的偏增量分别为

$$\Delta_x Q=Q(x+\Delta x,y)-Q(x,y)$$

和

$$\Delta_y Q=Q(x,y+\Delta y)-Q(x,y)$$

显而易见，$\dfrac{\Delta_x Q}{\Delta x}$ 表示 Q 对自变量 x 由 x 变到 $x+\Delta x$ 的平均变化率．而 $\dfrac{\partial Q}{\partial x}=\lim\limits_{\Delta x\to0}\dfrac{\Delta_x Q}{\Delta x}$ 表示

自变量取值为 x、y 时，Q 对于 x 的变化率，于是 $E_x=\lim\limits_{\Delta x\to0}\dfrac{\Delta_x Q/Q}{\Delta x/x}=\dfrac{\partial Q}{\partial x}\cdot\dfrac{x}{Q}$ 称为函数 Q 对

自变量 x 的偏弹性．

同理，$\dfrac{\Delta_y Q}{\Delta y}$ 表示 Q 对自变量 y 由 y 变到 $y+\Delta y$ 的平均变化率．而 $\dfrac{\partial Q}{\partial y}=\lim\limits_{\Delta y\to0}\dfrac{\Delta_y Q}{\Delta y}$ 表示自

变量取值为 x、y 时，Q 对于 y 的变化率．$E_y=\lim\limits_{\Delta y\to0}\dfrac{\Delta_y Q/Q}{\Delta y/y}=\dfrac{\partial Q}{\partial y}\cdot\dfrac{y}{Q}$ 称为函数 Q 对自变量

y 的偏弹性．

注：当自变量 x、y 赋予具体经济含义时，偏弹性便有了具体经济学意义．例如，Q

表示需求函数时，x 表示价格，y 表示收入，则 $E_x=\lim\limits_{\Delta x\to0}\dfrac{\Delta_x Q/Q}{\Delta x/x}=\dfrac{\partial Q}{\partial x}\cdot\dfrac{x}{Q}$ 表示需求对价格

的偏弹性.

6.3.4　二阶偏导数

设函数 $z=f(x,y)$ 在区域 D 内具有偏导数

$$\frac{\partial z}{\partial x}=f_x(x,y),\ \frac{\partial z}{\partial y}=f_y(x,y)$$

则在 D 内 $f_x(x,y)$、$f_y(x,y)$ 都是关于 x、y 的二元函数. 如果这两个函数的偏导数存在，则称它们是函数 $z=f(x,y)$ 的二阶偏导数. 按照对变量求导次序的不同，有下列四个二阶偏导数：

$$\frac{\partial}{\partial x}\left(\frac{\partial z}{\partial x}\right)=\frac{\partial^2 z}{\partial x^2}=f_{xx}(x,y,),\ \frac{\partial}{\partial y}\left(\frac{\partial z}{\partial x}\right)=\frac{\partial^2 z}{\partial x\partial y}=f_{xy}(x,y)$$

$$\frac{\partial}{\partial x}\left(\frac{\partial z}{\partial y}\right)=\frac{\partial^2 z}{\partial y\partial x}=f_{yx}(x,y),\ \frac{\partial}{\partial y}\left(\frac{\partial z}{\partial y}\right)=\frac{\partial^2 z}{\partial y^2}=f_{yy}(x,y)$$

其中，$f_{xy}(x,y)$ 和 $f_{yx}(x,y)$ 两个偏导数称为混合偏导数. 同样可得三阶、四阶直至 n 阶偏导数，二阶以上的偏导数统称为高阶偏导数.

例 6.3.4　求 $z=2x^4y-xy^3+xy+1$ 的二阶偏导数.

解　$\dfrac{\partial z}{\partial x}=8x^3y-y^3+y,\dfrac{\partial z}{\partial y}=2x^4-3xy^2+x$

$\dfrac{\partial^2 z}{\partial x^2}=24x^2y,\quad \dfrac{\partial^2 z}{\partial x\partial y}=8x^3-3y^2+1$

$\dfrac{\partial^2 z}{\partial y\partial x}=8x^3-3y^2+1,\quad \dfrac{\partial^2 z}{\partial y^2}=-6xy$

我们从上面例子看到两个二阶混合偏导数相等，即 $\dfrac{\partial^2 z}{\partial x\partial y}=\dfrac{\partial^2 z}{\partial y\partial x}$，这不是偶然的，事实上，我们有下述定理.

定理 6.3.1　设函数 $z=f(x,y)$ 的两个二阶混合偏导数 $\dfrac{\partial^2 z}{\partial x\partial y}$ 及 $\dfrac{\partial^2 z}{\partial y\partial x}$ 在区域 D 内连续，则该区域 D 内有 $\dfrac{\partial^2 z}{\partial x\partial y}=\dfrac{\partial^2 z}{\partial y\partial x}$.

定理 6.3.1 表明：二阶混合偏导数在连续的条件下与求导次序无关，此定理的证明从略.

对二元以上的多元函数，我们也可以类似地定义高阶偏导数，而且高阶混合偏导数在连续的条件下也与求导次序无关.

习　　题　　6.3

1. 求下列函数的偏导数.

(1) $z=xy+\dfrac{x}{y}$ 　　　　　(2) $z=\ln(x+\ln y)$

(3) $z=e^{xy}$ 　　　　　(4) $z=x^3y+3x^2y^2-xy^3$

2. 设函数 $f(x,y)=x+(y-1)\arcsin\sqrt{x}$，求 $f_x(x,1)$.

3. 求下列函数的二阶偏导数.

(1) $z=x^2e^y$ 　　　　　(2) $z=x\ln(x+y)$

（3） $z=\arctan\dfrac{y}{x}$

6.4 全 微 分

6.4.1 全微分定义

一元函数 $y=f(x)$ 在 x_0 处可微是指函数的增量可以表示为 $\Delta y=f(x_0+\Delta x)-f(x_0)$ $=A\Delta x+o(\Delta x)$，其中 A 与 Δx 无关，则称 $A\Delta x$ 为函数 $y=f(x)$ 在 x_0 处的微分．对于二元函数的全微分有类似的定义．

定义 6.4.1 如果函数 $z=f(x,y)$ 在点 (x,y) 处的全增量
$$\Delta z=f(x+\Delta x,y+\Delta y)-f(x,y)$$
可以表示为
$$\Delta z=A\Delta x+B\Delta y+o(\rho)$$
其中 A、B 不依赖于 Δx、Δy，而仅与 x、y 有关，$\rho=\sqrt{(\Delta x)^2+(\Delta y)^2}$，则称函数 $z=f(x,y)$ 在点 (x,y) 处的全微分，记为 $\mathrm{d}z$，即
$$\mathrm{d}z=A\Delta x+B\Delta y$$

若函数 $z=f(x,y)$ 在区域 D 内各点处都可微，则称该函数在 D 内可微分．

由上述定义可知，如果函数 $z=f(x,y)$ 在点 (x,y) 处可微分，则函数在该点必连续．事实上，此时有
$$\lim_{(\Delta x,\Delta y)\to(0,0)}\Delta z=\lim_{\rho\to 0}[(A\Delta x+B\Delta y)+o(\rho)]=0$$
从而 $\lim_{(\Delta x,\Delta y)\to(0,0)}f(x+\Delta x,y+\Delta y)=\lim_{\rho\to 0}[f(x,y)+\Delta z]=f(x,y)$

所以函数 $z=f(x,y)$ 在点 (x,y) 处连续．

下面我们不加证明给出二元函数可微与偏导数的关系．

定理 6.4.1（必要条件） 如果函数 $z=f(x,y)$ 在点 (x,y) 处可微分，则该函数在 (x,y) 的偏导数 $\dfrac{\partial z}{\partial x}$、$\dfrac{\partial z}{\partial y}$ 必存在，且 $z=f(x,y)$ 在点 (x,y) 处的全微分为
$$\mathrm{d}z=\frac{\partial z}{\partial x}\Delta x+\frac{\partial z}{\partial y}\Delta y=\frac{\partial z}{\partial x}\mathrm{d}x+\frac{\partial z}{\partial y}\mathrm{d}y \tag{6.4.1}$$

定理 6.4.2（充分条件） 如果函数 $z=f(x,y)$ 的偏导数 $\dfrac{\partial z}{\partial x}$，$\dfrac{\partial z}{\partial y}$ 存在，且偏导数在点 (x,y) 处连续，则函数在该点可微分．

由此我们可以得到多元函数在点 (x,y) 处连续、偏导存在、可微之间的关系如图 6.4.1 所示．

6.4.2 全微分的计算

例 6.4.1 求函数 $z=x^2y+x+y$ 在 $(2,1)$ 处的全微分．

解 $\dfrac{\partial z}{\partial x}=2xy+1,\dfrac{\partial z}{\partial x}\Big|_{\substack{x=2\\y=1}}=5$

偏导存在且连续 $\Longrightarrow$ 可微 $\Longrightarrow$ 偏导存在
$\Downarrow$
连续

图 6.4.1

13

$$\frac{\partial z}{\partial y}=x^2+1, \frac{\partial z}{\partial y}\bigg|_{\substack{x=2\\y=1}}=5$$

所以
$$\mathrm{d}z\bigg|_{\substack{x=2\\y=1}}=\frac{\partial z}{\partial x}\bigg|_{\substack{x=2\\y=1}}\mathrm{d}x+\frac{\partial z}{\partial y}\bigg|_{\substack{x=2\\y=1}}\mathrm{d}y=5\mathrm{d}x+5\mathrm{d}y$$

例 6.4.2 求函数 $z=x^2y+\dfrac{x}{y}$ 的全微分.

解 因为 $\dfrac{\partial z}{\partial x}=2xy+\dfrac{1}{y}$，$\dfrac{\partial z}{\partial y}=x^2-\dfrac{x}{y^2}$，

所以
$$\mathrm{d}z=\left(2xy+\frac{1}{y}\right)\mathrm{d}x+\left(x^2-\frac{x}{y^2}\right)\mathrm{d}y$$

习　题　6.4

1. 求下列函数的全微分.

(1) $z=xy+\dfrac{x}{y}$　　　(2) $z=\ln\dfrac{y}{x}$　　　(3) $z=\cos(xy)$　　　(4) $z=x^y$

2. 求函数 $z=\ln(2+x^2+y^2)$ 在 $x=2$、$y=1$ 时的全微分.

3. 求 $z=\dfrac{xy}{x^2-y^2}$，当 $x=2$、$y=1$、$\Delta x=0.01$、$\Delta y=0.08$ 时的全微分的值.

6.5　多元复合函数的求导法则

在一元函数中，复合函数的求导法则在导数的运算中起着非常重要的作用，这一法则可以推广到多元复合函数的情形. 下面按照多元复合函数不同的复合情形，分三种情形讨论.

6.5.1　中间变量均为一元函数

设函数 $z=f(u,\ v)$，$u=\varphi(t)$，$v=\psi(t)$ 构成复合函数 $z=f[\varphi(t),\psi(t)]$，其变量间的相互依赖关系可用图 6.5.1 的树形图来表达.

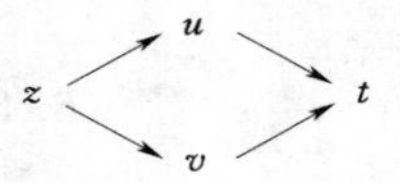

图 6.5.1

定理 6.5.1　如果函数 $u=\varphi(t)$ 及 $v=\psi(t)$ 都在点 t 可导，$z=f(u,\ v)$ 在对应点 $(u,\ v)$ 具有连续偏导数，则复合函数 $z=f[\varphi(t),\psi(t)]$ 在对应点 t 可导，且其导数可用下列公式计算：

$$\frac{\mathrm{d}z}{\mathrm{d}t}=\frac{\partial z}{\partial u}\frac{\mathrm{d}u}{\mathrm{d}t}+\frac{\partial z}{\partial v}\frac{\mathrm{d}v}{\mathrm{d}t}$$

注意：如果能够准确地表示出因变量、中间变量、自变量之间的树形图，可以按照"连线相乘，分线相加"的法则写出公式，本节中其他情形的公式都可以按照这个法则写出.

例 6.5.1　设 $z=\mathrm{e}^{u-v}$，而 $u=\sin t$，$v=\ln t$，求 $\dfrac{\mathrm{d}z}{\mathrm{d}t}$.

解　$\dfrac{\mathrm{d}z}{\mathrm{d}t}=\dfrac{\partial z}{\partial u}\dfrac{\mathrm{d}u}{\mathrm{d}t}+\dfrac{\partial z}{\partial v}\dfrac{\mathrm{d}v}{\mathrm{d}t}=\mathrm{e}^{u-v}\cdot\cos t-\mathrm{e}^{u-v}\cdot\dfrac{1}{t}=\mathrm{e}^{\sin t-\ln t}\left(\cos t-\dfrac{1}{t}\right)$

6.5.2　中间变量均为多元函数

定理 6.5.1 可推广到中间变量不是一元函数的情形，例如 $z=f(u,\ v)$，$u=\varphi(x,$

y），$v=\psi(x，y)$ 构成复合函数 $z=f[\varphi(x,y),\psi(x,y)]$，其变量间的相互依赖关系可用图 6.5.2 来表达.

定理 6.5.2 如果 $u=\varphi(x，y)$ 及 $v=\psi(x，y)$ 都在点 $(x，y)$ 具有对 x 和 y 的偏导数，且 $z=f(u，v)$ 在对应点 $(u，v)$ 具有连续偏导数，则复合函数 $z=f[\varphi(x,y),\psi(x,y)]$ 在对应点 $(x，y)$ 的两个偏导数存在，且可用下列公式计算

$$\frac{\partial z}{\partial x}=\frac{\partial z}{\partial u}\frac{\partial u}{\partial x}+\frac{\partial z}{\partial v}\frac{\partial v}{\partial x},\frac{\partial z}{\partial y}=\frac{\partial z}{\partial u}\frac{\partial u}{\partial y}+\frac{\partial z}{\partial v}\frac{\partial v}{\partial y}$$

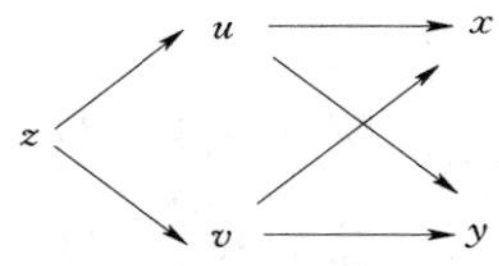

图 6.5.2

例 6.5.2 设 $z=\mathrm{e}^u\sin v$，而 $u=xy$，$v=x+y$，求 $\frac{\partial z}{\partial x}$ 和 $\frac{\partial z}{\partial y}$.

解 $\dfrac{\partial z}{\partial x}=\dfrac{\partial z}{\partial u}\dfrac{\partial u}{\partial x}+\dfrac{\partial z}{\partial v}\dfrac{\partial v}{\partial x}=\mathrm{e}^u\sin v\cdot y+\mathrm{e}^u\cos v\cdot 1=\mathrm{e}^{xy}[y\sin(x+y)+\cos(x+y)]$

$\dfrac{\partial z}{\partial y}=\dfrac{\partial z}{\partial u}\dfrac{\partial u}{\partial y}+\dfrac{\partial z}{\partial v}\dfrac{\partial v}{\partial y}=\mathrm{e}^u\sin v\cdot x+\mathrm{e}^u\cos v\cdot 1=\mathrm{e}^{xy}[x\sin(x+y)+\cos(x+y)]$

例 6.5.3 设 $z=f(x+y，xy)$，f 具有二阶连续的偏导数，求 $\frac{\partial z}{\partial x}$.

解 令 $u=x+y$，$v=xy$，所以

$$\frac{\partial z}{\partial x}=\frac{\partial f}{\partial u}\frac{\partial u}{\partial x}+\frac{\partial f}{\partial v}\frac{\partial v}{\partial x}=f_1'+yf_2'$$

其中

$$f_1'=\frac{\partial f(u,v)}{\partial u}\ ,\ f_2'=\frac{\partial f(u,v)}{\partial v}$$

注意：在对抽象复合函数求偏导数时，可用采用例 6.5.2 的简记法. 对于二阶偏导数也有如下简记法：

$$f_{11}''=\frac{\partial^2 f}{\partial u^2},f_{12}''=\frac{\partial^2 f}{\partial u\partial v},f_{21}''=\frac{\partial^2 f}{\partial v\partial u},f_{22}''=\frac{\partial^2 f}{\partial v^2}$$

采用这些简记法，可使抽象复合函数的高阶偏导数表示起来更简洁易懂.

例 6.5.4 设 $z=f(x-y，xy)$，f 具有二阶连续的偏导数，求 $\frac{\partial z}{\partial x},\frac{\partial^2 z}{\partial x^2}$.

解 先求 $\frac{\partial z}{\partial x}$，则

$$\frac{\partial z}{\partial x}=f_1'+yf_2'$$

$$\frac{\partial^2 z}{\partial x^2}=f_{11}''+yf_{12}''+y(f_{21}''+yf_{22}'')=f_{11}''+yf_{12}''+yf_{21}''+y^2 f_{22}''$$

又因为 f 具有二阶连续的偏导数，则 $f_{12}''=f_{21}''$，所以

$$\frac{\partial^2 z}{\partial x^2}=f_{11}''+2yf_{12}''+y^2 f_{22}''$$

6.5.3 中间变量既有一元函数也有多元函数

定理 6.5.3 如果函数 $u=\varphi(x，y)$ 在点 $(x，y)$ 具有对 x 和 y 的偏导数，函数 $v=\psi(y)$ 在点处 y 可导，函数 $z=f(u，v)$ 在对应点 $(u，v)$ 具有连续偏导数，则复合函数 $z=f[\varphi(x,y),\psi(y)]$ 在点 $(x，y)$ 的两个偏导数存在，且有

$$\frac{\partial z}{\partial x}=\frac{\partial z}{\partial u}\frac{\partial u}{\partial x},\frac{\partial z}{\partial y}=\frac{\partial z}{\partial u}\frac{\partial u}{\partial y}+\frac{\partial z}{\partial v}\frac{\mathrm{d}v}{\mathrm{d}y}$$

另外，我们还会遇见如下的情形，即复合函数的某些中间变量本身也是复合函数的自变量，例如，设函数 $z=f(u,x,y)$ 具有连续偏导数，$u=\varphi(x,y)$ 具有偏导数，则复合函数 $z=f[\varphi(x,y),x,y]$ 可看作定理 6.5.2 中 $v=x$、$\omega=y$ 的特殊情形，因此

$$\frac{\partial z}{\partial x}=\frac{\partial z}{\partial u}\frac{\partial u}{\partial x}+\frac{\partial f}{\partial x}, \quad \frac{\partial z}{\partial y}=\frac{\partial z}{\partial u}\frac{\partial u}{\partial y}+\frac{\partial f}{\partial y}$$

例 6.5.5　设 $z=f(x,v)$，其中 $v=x\ln y$，求 $\dfrac{\partial z}{\partial x}$，$\dfrac{\partial z}{\partial y}$.

解　$\dfrac{\partial z}{\partial x}=\dfrac{\partial f}{\partial x}+\dfrac{\partial f}{\partial v}\dfrac{\partial v}{\partial x}=f'_1+f'_2\cdot\ln y$

$\dfrac{\partial z}{\partial y}=\dfrac{\partial f}{\partial v}\dfrac{\partial v}{\partial y}=f'_2\cdot\dfrac{x}{y}$

6.5.4　全微分形式不变性

设函数 $z=f(u,v)$ 具有连续偏导数，$u=\varphi(x,y)$，$v=\psi(x,y)$ 都可微，则复合函数 $z=f[\varphi(x,y),\psi(x,y)]$ 的全微分是 $\mathrm{d}z=\dfrac{\partial z}{\partial x}\mathrm{d}x+\dfrac{\partial z}{\partial y}\mathrm{d}y$.

根据本节学习的复合函数的求导公式可得

$$\mathrm{d}z=\left(\frac{\partial z}{\partial u}\frac{\partial u}{\partial x}+\frac{\partial z}{\partial v}\frac{\partial v}{\partial x}\right)\mathrm{d}x+\left(\frac{\partial z}{\partial u}\frac{\partial u}{\partial y}+\frac{\partial z}{\partial v}\frac{\partial v}{\partial y}\right)\mathrm{d}y$$

$$=\frac{\partial z}{\partial u}\left(\frac{\partial u}{\partial x}\mathrm{d}x+\frac{\partial u}{\partial y}\mathrm{d}y\right)+\frac{\partial z}{\partial v}\left(\frac{\partial v}{\partial x}\mathrm{d}x+\frac{\partial v}{\partial y}\mathrm{d}y\right)=\frac{\partial z}{\partial u}\mathrm{d}u+\frac{\partial z}{\partial v}\mathrm{d}v$$

由此可见，无论变量 u、v 是函数的自变量还是中间变量，$z=f(u,v)$ 的全微分形式是一样的，此性质叫做全微分形式不变性.

例 6.5.6　利用全微分形式不变性求解例 6.5.2

解　$$\mathrm{d}z=\mathrm{d}(\mathrm{e}^u\sin v)=\mathrm{e}^u\sin v\mathrm{d}u+\mathrm{e}^u\cos v\mathrm{d}v$$

$$\mathrm{d}u=\mathrm{d}(xy)=y\mathrm{d}x+x\mathrm{d}y,\ \mathrm{d}v=\mathrm{d}(x+y)=\mathrm{d}x+\mathrm{d}y$$

代入后并合并得

$$\mathrm{d}z=(\mathrm{e}^u\sin v\cdot y+\mathrm{e}^u\cos v)\mathrm{d}x+(\mathrm{e}^u\sin v\cdot x+\mathrm{e}^u\cos v)\mathrm{d}y$$

即

$$\frac{\partial z}{\partial x}\mathrm{d}x+\frac{\partial z}{\partial y}\mathrm{d}y=\mathrm{e}^{xy}[y\sin(x+y)+\cos(x+y)]\mathrm{d}x+\mathrm{e}^{xy}[x\sin(x+y)+\cos(x+y)]\mathrm{d}y$$

比较上式两边的系数，可得两个偏导数 $\dfrac{\partial z}{\partial x}$ 和 $\dfrac{\partial z}{\partial y}$，与例 6.5.2 的结果一样.

习　题　6.5

1. 求下列复合函数的偏导数（或导数）.

(1) 设 $z=\dfrac{v}{u}$，而 $u=\ln x$，$v=\mathrm{e}^x$，求 $\dfrac{\mathrm{d}z}{\mathrm{d}x}$.

(2) 设 $z=u\mathrm{e}^v$，$u=x^2+y^2$，$v=x^2-y^2$，求 $\dfrac{\partial z}{\partial x}$，$\dfrac{\partial z}{\partial y}$.

(3) 设 $z=u^2\ln v$，$u=\dfrac{y}{x}$，$v=x^2+y^2$，求 $\dfrac{\partial z}{\partial x}$，$\dfrac{\partial z}{\partial y}$.

2. 设 $z = f(x^2 - y^2, \mathrm{e}^{xy})$，且 f 具有一阶连续偏导数，求 $\dfrac{\partial z}{\partial x}$，$\dfrac{\partial z}{\partial y}$.

3. 设 $z = \varphi(x^2 + y^2)$，且 φ 是可导函数，求 $y\dfrac{\partial z}{\partial x} - x\dfrac{\partial z}{\partial y}$.

4. 设 $z = f\left(x, \dfrac{x}{y}\right)$ 且 f 具有二阶连续的偏导数，求 $\dfrac{\partial^2 z}{\partial x \partial y}$.

6.6　隐函数求导法

在一元函数中，我们引入了隐函数的概念，并介绍了不经过显化而直接求由方程 $F(x, y) = 0$ 所确定的隐函数的导数方法，本节我们将给出隐函数存在定理，并利用多元复合函数的求导法则建立隐函数的求导公式.

定理 6.6.1　设函数 $F(x, y)$ 在点 $P(x_0, y_0)$ 的某一邻域内具有连续偏导数，且 $F(x_0, y_0) = 0$，$F_y(x_0, y_0) \neq 0$，则方程 $F(x, y) = 0$ 在点 $P(x_0, y_0)$ 的某一邻域内恒能唯一确定一个单值连续且具有连续导数的函数 $y = f(x)$，它满足条件 $y_0 = f(x_0)$，并有

$$\frac{\mathrm{d}y}{\mathrm{d}x} = -\frac{F_x}{F_y}$$

定理证明从略，仅就求导公式作如下推导：

设 $y = f(x)$ 为方程 $F(x, y) = 0$ 所确定的隐函数，因为 $F(x, f(x)) \equiv 0$，且 $F(x, y)$ 在点 $P(x_0, y_0)$ 的某一邻域内具有连续的偏导数，所以在方程 $F(x, f(x)) = 0$ 两边同时对 x 求导得

$$F_x + F_y \frac{\mathrm{d}y}{\mathrm{d}x} = 0$$

又 $F_y(x_0, y_0) \neq 0$，于是有

$$\frac{\mathrm{d}y}{\mathrm{d}x} = -\frac{F_x}{F_y}$$

例 6.6.1　设 $\sin(xy) + \mathrm{e}^x = y^2$，求 $\dfrac{\mathrm{d}y}{\mathrm{d}x}$.

解　设 $F(x, y) = \sin(xy) + \mathrm{e}^x - y^2$，因为

$$F_x = y\cos(xy) + \mathrm{e}^x, \quad F_y = x\cos(xy) - 2y$$

所以

$$\frac{\mathrm{d}y}{\mathrm{d}x} = -\frac{F_x}{F_y} = -\frac{y\cos(xy) + \mathrm{e}^x}{x\cos(xy) - 2y} = \frac{y\cos(xy) + \mathrm{e}^x}{2y - x\cos(xy)}$$

隐函数存在定理可以推广到多元函数. 例如一个三元方程

$$F(x, y, z) = 0$$

有可能确定一个二元函数，我们有以下定理.

定理 6.6.2　设 $F(x, y, z)$ 在点 $P(x_0, y_0, z_0)$ 的某一邻域内具有连续的偏导数，且 $F(x_0, y_0, z_0) = 0$，$F_y(x_0, y_0, z_0) \neq 0$，则方程 $F(x, y, z) = 0$ 在点 $P(x_0, y_0, z_0)$ 的某一邻域内恒能唯一确定一个单值连续且具有连续偏导数的函数 $z = f(x, y)$，它满足条件 $z_0 = f(x_0, y_0)$，并有

$$\frac{\partial z}{\partial x} = -\frac{F_x}{F_z}, \frac{\partial z}{\partial y} = -\frac{F_y}{F_z}$$

定理的证明从略，仅就求导公式作如下推导．

设 $z = f(x, y)$ 为方程 $F(x, y, z) = 0$ 所确定的隐函数，因为

$$F(x, y, f(x, y)) \equiv 0$$

所以

$$\frac{\partial F}{\partial x} + \frac{\partial F}{\partial z}\frac{\partial z}{\partial x} = 0, \quad \frac{\partial F}{\partial y} + \frac{\partial F}{\partial z}\frac{\partial z}{\partial y} = 0$$

又 $F_y(x_0, y_0, z_0) \neq 0$，于是有

$$\frac{\partial z}{\partial x} = -\frac{F_x}{F_z}, \quad \frac{\partial z}{\partial y} = -\frac{F_y}{F_z}$$

例 6.6.2　设 $z^3 - 3xyz = 1$，求 $\frac{\partial z}{\partial x}$ 和 $\frac{\partial z}{\partial y}$．

解　设 $F(x, y, z) = z^3 - 3xyz - 1$，

$$F_x = -3yz, \quad F_y = -3xz, \quad F_z = 3z^2 - 3xy$$

从而

$$\frac{\partial z}{\partial x} = -\frac{F_x}{F_z} = \frac{yz}{z^2 - xy}, \quad \frac{\partial z}{\partial y} = -\frac{F_y}{F_z} = \frac{xz}{z^2 - xy}$$

习　题　6.6

1. 求下列函数所确定的隐函数的导数 $\frac{\mathrm{d}y}{\mathrm{d}x}$．

(1) $\sin y + e^x - xy^2 = 0$

(2) $xy + x + y = 1$

(3) $\ln \sqrt{x^2 + y^2} = \arctan \frac{y}{x}$

2. 求下列函数所确定的隐函数的偏导数．

(1) $e^z = xyz$，求 $\frac{\partial z}{\partial x}, \frac{\partial z}{\partial y}$．

(2) $e^{-xy} - 2z + e^z = 0$，求 $\frac{\partial z}{\partial x}, \frac{\partial z}{\partial y}$．

(3) $z^3 - 2xz + y = 0$，求 $\frac{\partial z}{\partial x}, \frac{\partial z}{\partial y}$．

3. 设 $2\sin(x + 2y - 3z) = x + 2y - 3z$，证明：$\frac{\partial z}{\partial x} + \frac{\partial z}{\partial y} = 1$．

6.7　多元函数的极值及其应用

在经济学、管理学、工程技术中，往往会遇到求多元函数最大值与最小值的问题．与一元函数的情形类似，二元函数的最大值、最小值与极大值、极小值有密切联系．下面我们以二元函数为例研究极值及其实际应用的问题．

6.7.1 二元函数的极值

定义 6.7.1 设函数 $z=f(x，y)$ 在点 $P_0(x_0，y_0)$ 的某一邻域内有定义，对于该邻域内异于 $P_0(x_0，y_0)$ 的任意一点 $P(x，y)$，如果

$$f(x,y)<f(x_0,y_0)$$

则称函数 $f(x，y)$ 在 $P_0(x_0，y_0)$ 处有极大值 $f(x_0，y_0)$，点 $P_0(x_0，y_0)$ 称为函数 $f(x，y)$的极大值点；如果

$$f(x,y)>f(x_0,y_0)$$

则称函数 $f(x，y)$ 在 $P_0(x_0，y_0)$ 处有极小值 $f(x_0，y_0)$，点 $P_0(x_0，y_0)$ 称为函数 $f(x，y)$ 的极小值点．极大值、极小值统称为极值．使函数取得极值的点称为极值点．

例 6.7.1 函数 $z=x^2+y^2$ 在点（0，0）处有极小值．因为在点（0，0）处函数值为零，而对于点（0，0）的任一邻域内异于（0，0）的点，函数值都为正．从几何上看，$z=x^2+y^2$ 表示一开口向上的旋转抛物面，点（0，0）是它的顶点（图 6.7.1）．

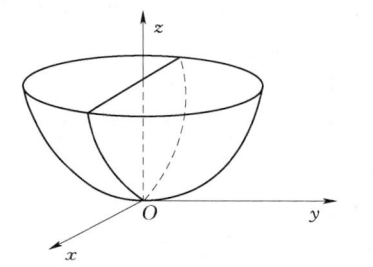

图 6.7.1

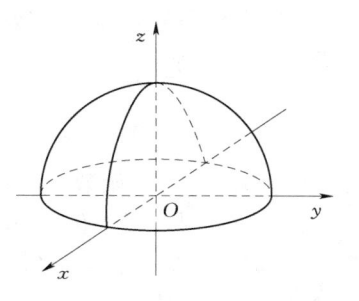

图 6.7.2

例 6.7.2 函数 $z=\sqrt{1-x^2-y^2}$ 在点（0，0）处有极大值．因为对于点（0，0）的任一邻域内异于（0，0）的点，函数值都为小于 1，而在点（0，0）处的函数值为 1．从几何上看，$z=\sqrt{1-x^2-y^2}$ 表示上半球面，点（0，0）是它的顶点（图 6.7.2）．

例 6.7.3 函数 $z=xy$ 在点（0，0）处既不取得极大值也不取得极小值．因为在点（0，0）处的函数值为零，而在点（0，0）的任一邻域内，总有使函数值为正的点，也有使函数值为负的点．

下面借助一元函数取得极值的条件讨论二元函数取得极值的必要、充分条件．我们知道，若一元函数 $y=f(x)$ 在 $x=x_0$ 处可导且取得极值，则必有 $f'(x_0)=0$，而二元函数的偏导可看成是对某个一元函数求导，因此有如下结论成立．

定理 6.7.1（必要条件） 设函数 $z=f(xy)$ 在点 $(x_0，y_0)$ 处具有偏导数，且在点 $(x_0，y_0)$ 处有极值，则有

$$f_x(x_0,y_0)=0, f_y(x_0,y_0)=0$$

证明 不妨设 $z=f(x，y)$ 在点 $(x_0，y_0)$ 处有极大值．根据极大值的定义，在点 $(x_0，y_0)$ 某邻域内异于 $(x_0，y_0)$ 的点 $(x，y)$ 都适合不等式

$$f(x,y)<f(x_0,y_0)$$

取 $y=y_0$，而 $x\neq x_0$，则

$$f(x,y_0)<f(x_0,y_0)$$

19

根据一元函数极大值的定义，$f(x，y_0)$ 在 $x=x_0$ 处取得极大值，因而必有
$$f_x(x_0，y_0)=0$$
同理可证
$$f_y(x_0，y_0)=0$$

类似地，如果三元函数 $u=f(x，y，z)$ 在点 $(x_0，y_0，z_0)$ 处具有偏导数，则它在点 $(x_0，y_0，z_0)$ 具有极值的必要条件为
$$f_x(x_0，y_0，z_0)=0，f_y(x_0，y_0，z_0)=0，f_z(x_0，y_0，z_0)=0$$

能使 $f_x(x，y)=0$，$f_y(x，y)=0$ 同时成立的点 $(x_0，y_0)$ 称为函数 $z=f(x，y)$ 的驻点.

根据定理 6.7.1 可知，偏导数存在的函数的极值点必定是驻点. 但是函数的驻点不一定都是极值点，例如，点 $(0，0)$ 是函数 $z=xy$ 的驻点，但函数在该点并无极值.

如何判定一个驻点是否为极值点？下面的定理 6.7.2 回答了这个问题.

定理 6.7.2（充分条件）　设函数 $z=f(x，y)$ 在点 $(x_0，y_0)$ 的某邻域内连续且具有一阶和二阶的连续偏导数，又 $f_x(x_0，y_0)=0$，$f_y(x_0，y_0)=0$，令
$$f_{xx}(x_0，y_0)=A，f_{xy}(x_0，y_0)=B，f_{yy}(x_0，y_0)=C$$
则

（1）当 $AC-B^2>0$ 时，函数 $f(x，y)$ 在 $(x_0，y_0)$ 处有极值，且当 $A>0$ 时有极小值 $f(x_0，y_0)$，当 $A<0$ 时有极大值 $f(x_0，y_0)$.

（2）当 $AC-B^2<0$ 时，函数 $f(x，y)$ 在 $(x_0，y_0)$ 处无极值.

（3）当 $AC-B^2=0$ 时，函数 $f(x，y)$ 在 $(x_0，y_0)$ 处可能有极值，也可能没有极值，还需另作讨论.

定理证明从略.

例 6.7.4　求函数 $f(x，y)=x^3-y^3+3x^2-9x+3y^2$ 的极值.

解　$f_x=3x^2+6x-9$，$f_y=-3y^2+6y$，则
$$\begin{cases} f_x=3x^2+6x-9=0 \\ f_y=-3y^2+6y=0 \end{cases}$$
求得驻点 $(1，0)$，$(1，2)$，$(-3，0)$，$(-3，2)$.

再求出二阶偏导数
$$f_{xx}=6x+6，f_{xy}=0，f_{yy}=-6y+6$$

在点 $(1，0)$ 处，$AC-B^2=72>0$ 又 $A>0$，所以函数在 $(1，0)$ 处有极小值 $f(1，0)=-5$.

在点 $(1，2)$ 处，$AC-B^2=-72<0$，所以函数在 $(1，2)$ 处无极值.

在点 $(-3，0)$ 处，$AC-B^2=-72<0$ 所以函数在 $(-3，0)$ 处无极值.

在点 $(-3，2)$ 处，$AC-B^2=72>0$，又 $A<0$，所以函数在 $(1，0)$ 处有极大值 $f(-3,2)=31$.

6.7.2　多元函数的最值

与一元函数相类似，如果函数 $f(x，y)$ 在有界闭区域 D 上连续，则 $f(x，y)$ 在 D 上必定能取得最大值和最小值，且函数的最大值点或最小值点必在函数的极值点或在 D

的边界点上．因此只需求出 $f(x,y)$ 在各驻点和不可导点的函数值及在边界上的最大值和最小值，然后加以比较即可．

在通常遇到的实际问题中，如果根据问题的性质，可以判断函数 $f(x,y)$ 的最大值（或最小值）一定在 D 的内部取得，而函数在 D 内只有一个驻点，则可以肯定该驻点处的函数值就是函数 $f(x,y)$ 在 D 上的最大值（或最小值）．

例 6.7.5 求函数 $z=x^2-y^2$ 在椭圆域 D：$2x^2+y^2\leqslant 1$ 上的最大值与最小值．

解 在区域的 D 内部，令

$$\begin{cases} z_y=-2y=0 \\ z_x=2x=0 \end{cases}$$

函数有唯一的驻点 $(0,0)$，$f(0,0)=0$．在边界曲线 $2x^2+y^2=1$ 上，$f(x,y)=3x^2-1$，$-\dfrac{1}{\sqrt{2}}\leqslant x\leqslant\dfrac{1}{\sqrt{2}}$．函数 $f(x,y)$ 在边界上的最大值为 $f\left(\pm\dfrac{1}{\sqrt{2}},0\right)=\dfrac{1}{2}$，最小值为 $f(0,1)=-1$，所以函数在 D 上的最大值为 $\dfrac{1}{2}$，最小值为 -1．

例 6.7.6 某工厂生产甲、乙两种产品，出售价格分别为 18 和 8（单位：万元），生产甲种产品为 x 及生产乙种产品为 y（单位：百件）的总费用函数为

$$C(x,y)=x^2+xy+y^2+13x+y$$

求甲、乙两种产品各生产多少件所获得的利润最大．

解 总收入为 $R(x,y)=18x+8y$，则 $L(x,y)=R(x,y)-C(x,y)$，即总利润函数

$$L(x,y)=18x+8y-(x^2+xy+y^2+13x+y)，其中\ x\geqslant 0,y\geqslant 0.$$

由

$$L'_x(x,y)=5-2x-y=0, L'_y(x,y)=7-x-2y=0,$$

得到唯一的驻点 $(1,3)$，又因为

$$A=L''_{xx}(x,y)=-2, B=L''_{xy}(x,y)=-1, C=L''_{yy}(x,y)=-2$$

$$AC-B^2=3>0, A=-2<0,$$

所以 $(1,3)$ 为极大值点，则该点是最大值点，最大利润为 $L(1,3)=13$，即生产甲种产品 100 件，乙种产品 300 件时所获得的利润最大，为 13 万元．

6.7.3 条件极值 拉格朗日乘数法

前面所讨论的极值问题，对于函数的自变量，除了限制在函数的定义域内之外，并无其他条件，所以称此极值为**无条件极值**．但在实际问题中，有时会遇到对函数的自变量还有附加条件的极值问题．

例如，求长度为 a 的细绳围成一个长方形，问长、宽各为多少时面积最大？

设长方体的长、宽分别为 x、y，则面积 $S=xy$，又因假定细绳长为 a，所以自变量 x、y 还必须满足附加条件 $2(x+y)=a$．像这样对自变量有附加条件的极值称为**条件极值**．有些情况下，可将条件极值问题转化为无条件极值问题．如在上述问题中，可以从 $2(x+y)=a$ 解出变量 y 关于变量 x 的表达式，并代入面积 $S=xy$ 的表达式中，即可将上述条件极值问题化为无条件极值问题．然而，一般地讲，这样做很不方便．我们另有一种直接寻求条件极值的方法，可以不必把问题化为无条件极值问题．

下面我们介绍二元函数 $z=f(x,y)$ 在满足约束条件 $g(x,y)=0$ 时的条件极值问题，求解条件极值问题的常用方法就是**拉格朗日乘数法**，其基本思想是将条件极值问题转化为无条件极值，步骤如下：

第一步　引入拉格朗日辅助函数。

$F(x,y,\lambda)=f(x,y)+\lambda g(x,y)$，其中 λ 为拉格朗日乘子，是变量.

第二步　求 F 的两个偏导数 $F'_x(x,y)$，$F'_y(x,y)$.

第三步　解方程组 $\begin{cases} F'_x(x,y)=0 \\ F'_y(x,y)=0 \\ g(x,y)=0 \end{cases}$，求出解 (x_0,y_0,λ_0). 则 (x_0,y_0) 就是函数 z

$=f(x,y)$ 在约束条件 $g(x,y)=0$ 下的驻点. 再根据实际问题判断驻点是否是极值点.

注：事实上，根据实际问题判断该驻点是否是极值点有一定的难度. 二元函数的条件极值问题是为二元函数条件最值问题服务的.

例 6.7.7　设销售收入 R（单位：万元）与花费在两种广告宣传上的费用 x、y（单位：万元）之间的关系是

$$R=\frac{200x}{x+5}+\frac{100y}{10+y}$$

利润额相当于 $\frac{1}{5}$ 的销售收入，并要扣除广告费用. 已知广告费用是 25 万元，问如何分配两种广告费用才能使利润最大.

解　设利润为 L，则

$$L=\frac{1}{5}R-x-y=\frac{40x}{x+5}+\frac{20y}{10+y}-x-y$$

限制条件为 $x+y=25$，依条件极值问题的解法，令

$$L(x,y,\lambda)=\frac{40x}{x+5}+\frac{20y}{10+y}-x-y+\lambda(x+y-25)$$

解方程组 $\begin{cases} L_x=\dfrac{200}{(x+5)^2}-1+\lambda=0 \\[2mm] L_y=\dfrac{200}{(10+y)^2}-1+\lambda=0 \\[2mm] L_\lambda=x+y-25=0 \end{cases}$，由前两个方程可得 $(x+5)^2=(10+y)^2$.

又 $y=25-x$，得唯一的驻点 $x=15$，$y=10$. 根据问题本身的意义以及驻点的唯一性可知，当投入两种广告费用分别为 15 万元和 10 万元时，可使利润最大.

例 6.7.8　假设某企业在两个相互分割的市场上出售同一种产品，两个市场的需求函数分别是

$$P_1=18-2Q_1,\ P_2=12-Q_2$$

其中，P_1 和 P_2 分别表示该产品在两个市场的价格，万元/吨；Q_1 和 Q_2 分别表示该产品在两个市场的销售量（即需求量，吨），并且该企业生产这种产品的总成本函数是 $C=2Q$ $+5$，其中，Q 表示该产品在两个市场的销售总量，即 $Q=Q_1+Q_2$.

（1）如果该企业实行价格差别策略，试确定两个市场上该产品的销售量和价格，使该

企业获得最大利润.

（2）如果该企业实行价格无差别策略，试确定两个市场上该产品的销售量及其统一的价格，使该企业的总利润最大化，并比较两种价格策略下的总利润大小.

解 （1）根据题意，总利润函数为

$$L=R-C=P_1Q_1+P_2Q_2-(2Q+5)=-2Q_1^2-Q_2^2+16Q_1+10Q_2-5$$

令

$$\begin{cases} L_{Q_1}=-4Q_1+16=0 \\ L_{Q_2}=-2Q_2+10=0 \end{cases}$$

解得 $Q_1=4$，$Q_2=5$，则 $P_1=10$ 万元/吨，$P_2=7$ 万元/吨.

因驻点（4，5）唯一，且实际问题一定存在最大值，故最大值必在驻点处达到，最大利润为

$$L=-2\times4^2-5^2+16\times4+10\times5-5=52(万元)$$

（2）若实行价格无差别策略，则 $P_1=P_2$，于是有约束条件：

$$2Q_1-Q_2=6$$

构造拉格朗日函数

$$L(Q_1,Q_2,\lambda)=-2Q_1^2-Q_2^2+16Q_1+10Q_2-5+\lambda(2Q_1-Q_2-6)$$

令

$$\begin{cases} L_{Q_1}(Q_1,Q_2,\lambda)=-4Q_1+16+2\lambda=0 \\ L_{Q_2}(Q_1,Q_2,\lambda)=-2Q_2+10-\lambda=0 \\ L_\lambda(Q_1,Q_2,\lambda)=2Q_1-Q_2-6=0 \end{cases}$$

解得 $Q_1=5$，$Q_2=4$，$\lambda=2$，则 $P_1=P_2=8$ 最大利润

$$L=-2\times5^2-4^2+16\times5+10\times4-5=49(万元)$$

由上述结果可知，企业实行差别定价所得总利润要大于统一价格的总利润.

习　题　**6.7**

1. 求下列函数的极值.

（1）$f(x,y)=x^2+xy+y^2-3x-6y$

（2）$f(x,y)=x^2+y^2-2\ln x-2\ln y, x>0, y>0$

（3）$f(x,y)=(x+y^2)e^{\frac{x}{2}}$

2. 求下列函数在给定条件下的极值.

（1）$z=xy$，$x+y=2$

（2）$z=x^2+y^2$，$\dfrac{x}{a}+\dfrac{y}{b}=1$

3. 求下列函数在有界闭区域上的最大与最小值.

（1）$z=x^3-4x^2+2xy-y^2$，$-1\leqslant x\leqslant4$，$-1\leqslant y\leqslant1$

（2）$z=xy^2$，$x^2+y^2\leqslant1$

4. 求曲线 $y=\sqrt{x}$ 上的动点到定点（a，0）的最小距离.

5. 某工厂每年用于储存的投资为 x（千元），用于广告的开支为 y（千元），收入 $R(x,y)$ 是可控决策量 x，y 的函数，且有

$$R(x,y)=-3x^2+2xy-6y^2+30x+24y-86$$

试问：当储存投资和广告开支分别为多少时，收入额最大？最大收入额是多少？

6. 设生产某种产品的数量与所用两种原料 A，B 的数量 x，y 间有关系式

$$P(x,y)=0.005x^2y$$

欲用 150 元购料，已知 A、B 原料的单价分别为 1 元、2 元，问购进两种原料各多少可使生产的数量最多？

总 习 题 六

一、单选题

1. 若 $\lim\limits_{\substack{x\to 0 \\ y=Kx}}f(x,y)=A$ 对任何 K 都成立，则必有（　　）

(A) $\lim\limits_{\substack{x\to 0 \\ y\to 0}}f(x,y)=A$ 　　　　　(B) $\lim\limits_{\substack{x\to 0 \\ y\to 0}}f(x,y)$ 不一定存在

(C) $f(x,y)$ 在 $(0,0)$ 连续 　　　　(D) $f'_x(0,0)$，$f'_y(0,0)$ 存在

2. 已知点 (x_0,y_0) 使得 $f_x(x_0,y_0)=0$，$f_y(x_0,y_0)=0$，则（　　）.

(A) 点 (x_0,y_0) 是 $f(x,y)$ 的驻点

(B) 点 (x_0,y_0) 是 $f(x,y)$ 的极值点

(C) 函数 $z=f(x,y)$ 在点 (x_0,y_0) 处连续

(D) 点 (x_0,y_0) 是 $f(x,y)$ 的最值点

3. 函数 $z=\ln(x^2+y^2-2)/\sqrt{4-x^2-y^2}$ 的定义域为（　　）.

(A) $2<x^2+y^2<4$ 　　　　　　(B) $2\leqslant x^2+y^2<4$

(C) $2<x^2+y^2\leqslant 4$ 　　　　　(D) $2\leqslant x^2+y^2\leqslant 4$

4. 设 $z=\ln(xy)$，则 $\mathrm{d}z=$（　　）

(A) $\dfrac{\mathrm{d}x}{y}+\dfrac{\mathrm{d}y}{x}$ 　　(B) $\dfrac{\mathrm{d}x}{x}+\dfrac{\mathrm{d}y}{y}$ 　　(C) $x\mathrm{d}x+y\mathrm{d}y$ 　　(D) $y\mathrm{d}x+x\mathrm{d}y$

5. 函数 $z=f(x,y)$ 在 (x_0,y_0) 点处可微是在 (x_0,y_0) 处连续的（　　）条件.

(A) 充要 　　　(B) 必要 　　　(C) 充分 　　　(D) 无关

6. 设函数 $f(xy,x-y)=x^2+y^2$，则 $\dfrac{\partial f(x,y)}{\partial x}+\dfrac{\partial f(x,y)}{\partial y}=$（　　）.

(A) $2x$ 　　　(B) $2y$ 　　　(C) $2x+2y$ 　　　(D) $2+2y$

二、填空题

1. 函数 $z=f(x,y)$ 在点 (x,y) 的偏导数 $\dfrac{\partial z}{\partial x}$ 及 $\dfrac{\partial z}{\partial y}$ 存在且连续是 $f(x,y)$ 在该点可微分的_____条件；

2. 设 $z=z(x,y)$ 是方程 $x^2+y^2+z^2-xy=0$ 所确定，则 $\dfrac{\partial z}{\partial x}=$_____。

3. 设 $u=\mathrm{e}^{-x}\sin\left(\dfrac{x}{y}\right)$ 则 $\dfrac{\partial^2 u}{\partial x\partial y}$ 在点 $\left(2,\dfrac{1}{\pi}\right)$ 处的值为 _____。

4. 点 $(1,-1)$ 是函数 $f(x,y)=2(x-y)-x^2-y^2$ 的极（大，小）_____点。

三、计算题

1. 设 $z=f(u,x,y)$，$u=x\mathrm{e}^y$，其中 f 具有连续的二阶偏导数，求 $\dfrac{\partial^2 z}{\partial x\partial y}$.

2. $\lim\limits_{\substack{x\to 0\\ y\to 0}}\dfrac{1-\cos(x^2+y^2)}{(x^2+y^2)^2}$

3. 设 $xy-z=\mathrm{e}^z$，求 $\dfrac{\partial z}{\partial y}$，$\dfrac{\partial z}{\partial x}$.

4. 设 $u=f(xy,z)$，$z=\ln\sqrt{x^2+y^2}$，求 $\dfrac{\partial u}{\partial y}$，$\dfrac{\partial u}{\partial x}$.

5. 求函数 $f(x,y)=\ln(1+x^2+y^2)+1-\dfrac{x^3}{15}-\dfrac{y^3}{4}$ 的极值.

6. 某企业在雇佣 x 名技术工人，y 名非技术工人时，产品的产量 $Q=-8x^2+12xy-3y^2$. 若企业只能雇佣 230 人，那么该雇佣多少技术工人、多少非技术工人才能使产量 Q 最大？

数学家简介——高斯

约翰·卡尔·弗里德里希·高斯（Johann Carl Friedrich Gauss，1777—1855），德国著名数学家、物理学家、天文学家、大地测量学家，近代数学的奠基人之一，被誉为数学王子。

高斯的一生，是典型的学者的一生。他始终保持着农家的俭朴，使人难以想象他是一位大教授、世界上最伟大的数学家．在获得崇高声誉、德国数学开始主宰世界之时，一代天骄走完了生命旅程，高斯于 1855 年 2 月 23 日凌晨，于哥廷根在睡梦中去世。

18 岁时高斯发现了质数分布定理和最小二乘法。通过对足够多的测量数据的处理后，他成功得到高斯钟形曲线（正态分布曲线）。其函数被命名为标准正态分布（或高斯分布），并在概率计算中大量使用。

19 岁时高斯解决了"正十七边形尺规作图之理论与方法"的问题，这是一个数学史上极重要的结果。

1799 年高斯在黑尔姆施泰特大学因证明"代数基本定理"获博士学位。从 1807 年起担任格哥廷根大学教授兼哥廷根天文台台长直至逝世。

哥廷根大学（又译为哥丁根大学或格丁根大学）属于传统的大学城，是"没有校门和围墙的大学"。哥廷根拥有十分辉煌的历史，名人辈出，蜚声世界。2007 年 10 月 19 日，德国第二轮"精英大学"评选最终揭晓，哥廷根大学成为德国九所精英大学之一。

3 岁时，当水泥工头的父亲，星期六总会发薪水给工人，有一次高斯趴在地板上暗地里跟着父亲计算该给工人的薪水，他站了起来纠正错误的数目，把在场的大人吓得目瞪口呆。高斯常笑着说，他在学讲话之前就已学会计算，问了大人如何发音后，就自己读起书来。

高斯的家境并不富裕，冬天夜晚吃饭后，父亲总要高斯上床睡觉，这样就可以节省燃料和灯油的开销。高斯很喜欢读书，他往往带一捆芜菁到顶楼，他把芜菁当中挖空，塞进用粗棉卷成的灯芯，用一些油脂当烛油，就在微弱光亮的灯下，专心看书。

高斯一生十分俭朴，就是在他极负盛名时，仍然过着节俭的生活。

高斯的一位朋友在谈到他的生活时这样说："一间小书房，一张铺着绿色台布的桌子，一张白色的写字台，一张窄小的沙发，70 岁后添了一把安乐椅，一盏带罩的油灯，没有火炉的卧室，简单的食物，一件长罩衫和一顶天鹅绒小帽，这就是高斯的全部需要。"

10 岁时，一天，老师布置了一道题，就是那个著名的自然数从 1 到 100 的求和。当然，这也是一个等差数列的求和问题。当布特纳刚一写完时，高斯也算完并把写有答案的小石板交了上去。E. T. 贝尔写道，高斯晚年经常喜欢向人们谈论这件事，说当时只有他写的答案是正确的，而其他的孩子们都错了。高斯没有明确地讲过，他是用什么方法那么快就解决了这个问题。数学史家们倾向于认为，高斯当时已掌握了等差数列求和的方法。一位年仅 10 岁的孩子，能独立发现这一数学方法实属很不平常。

高斯的计算能力，更主要的是高斯独到的数学方法、非同一般的创造力，使布特纳对他刮目相看。他特意从汉堡买了最好的算术书送给高斯，说："你已经超过了我，我没有什么东西可以教你了。"接着，高斯与布特纳的助手巴特尔斯建立了真诚的友谊，直到巴特尔斯逝世。他们一起学习，互相帮助，高斯由此开始了真正的数学研究。

18 岁，高斯用代数方法解决了 2000 多年来的几何难题，而这个数学上的新发现使他决定终生研究数学。这发现在数学史上是很重要的，他用欧氏工具（尺、圆规）作图解了一个令欧几里得百思不得其解的难题。高斯只使用了直尺和圆规作图圆内接正 17 边形。他对这个发现既高兴又骄傲。

传说，他还表示希望死后在他的墓碑上能刻上一个正 17 边形，以纪念他少年时最重要的数学发现。但是在布伦兹维克的高斯墓碑上所刻的却是一颗有 17 个角的星，因为雕刻工认为正 17 边形刻出来后几乎和圆一模一样。

德国人没有忘记高斯的功绩，在流通的 10 马克纸币上印铸着这位伟人的头像和他创立的"正态分布"图形，以及"正态分布"掩映的哥廷根大学的礼堂、教学楼和天文台。正面雕刻版的卡尔·高斯像。背面主图是高斯设计改进的六分仪。

高斯奖项是为纪念"数学王子"高斯而设，主要用于奖励在应用数学方面取得成果者。1998 年在德国柏林举行的第 23 届国际数学家大会上，国际数学家联合会决定设立这一奖项。2006 年 8 月，第 25 届国际数学家大会首次颁发高斯奖。高斯奖由国际数学家联合会和德国数学家联合会共同颁发，德国数学家联合会具体负责奖项的管理工作。获奖者可获得一枚绘有高斯肖像的奖章和一笔奖金。

第7章 二重积分

在一元函数积分学中，我们根据实际问题抽象出了定积分的概念．对定积分的定义进行推广可得到二重积分的定义．区别是，定积分的被积函数是一元函数，积分区域通常是区间，而二重积分的被积函数是二元函数，积分区域是平面区域．因二重积分更接近客观对象，故应用更广，能处理更一般的问题．本章首先介绍二重积分的概念和性质，然后重点介绍二重积分的计算方法．

7.1 二重积分的概念

7.1.1 曲顶柱体的体积

设有一空间立体，它的底是 xOy 面上的闭区域 D，它的侧面是以 D 的边界曲线为准线，母线平行于 z 轴的柱面，它的顶是曲面 $z=f(x,y)$，这里 $f(x,y)\geqslant 0$ 且在区域 D 上连续（图 7.1.1），称这种立体为**曲顶柱体**．现在我们来讨论如何计算曲顶柱体的体积 V.

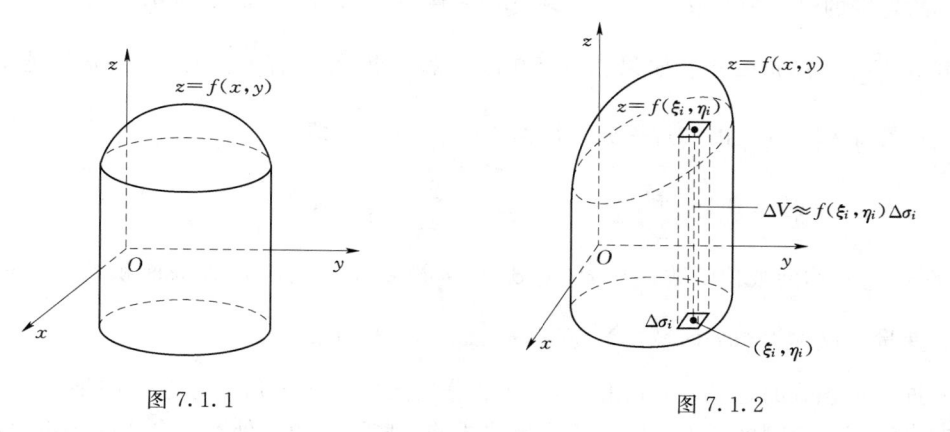

图 7.1.1 图 7.1.2

我们知道，平顶柱体的体积可以用公式

$$体积＝高\times底面积$$

来计算．对于曲顶柱体，当点在区域 D 上变动时，高度 $f(x,y)$ 是个变量，因此它的体积不能直接用上式来计算．我们可用类似解决曲边梯形面积问题的方法来计算曲顶柱体的体积（图 7.1.2），具体步骤如下：

（1）分割：用任意一组曲线把区域 D 分割成 n 个小区域：

$$\Delta\sigma_1,\Delta\sigma_2,\cdots,\Delta\sigma_n$$

分别以这些小区域的边界曲线为准线，作母线平行于 z 轴的柱面，这些柱面将原来的曲顶柱体分成 n 个小曲顶柱体，第 i 个小曲顶柱体的体积记为 ΔV_i.

（2）近似：由于函数 $f(x, y)$ 连续，对于每个 $\Delta\sigma_i$（这里 $\Delta\sigma_i$ 既代表第 i 个小区域，又表示它的面积值）中，$f(x, y)$ 变化不大，因此任取一点 $(\xi_i, \eta_i) \in \Delta\sigma_i$，则 ΔV_i 可以用以 $f(\xi_i, \eta_i)$ 为高、底为 $\Delta\sigma_i$ 的平顶柱体的体积近似代替，即

$$\Delta V_i \approx f(\xi_i, \eta_i)\Delta\sigma_i \, (i = 1, 2, \cdots, n)$$

（3）求和：对这 n 个平顶柱体的体积求和，得到整个曲顶柱体体积的近似值

$$V = \sum_{i=1}^{n} \Delta V_i \approx \sum_{i=1}^{n} f(\xi_i, \eta_i)\Delta\sigma_i$$

（4）取极限：当分割越来越细，即让 n 个小区域的直径（区域上任意两点间距离的最大值）的最大值（记作 λ）趋于零时，取上述和的极限就是所求的曲顶柱体的体积 V，即

$$V = \lim_{\lambda \to 0} \sum_{i=1}^{n} f(\xi_i, \eta_i)\Delta\sigma_i$$

这虽然是一个几何问题，但处理问题的思想方法就是经过"分割、近似、求和、取极限"的步骤，最终都归结为"乘积求和"的极限问题．在物理学、几何学、经济学等学科中的很多量都可归结为上述形式的极限，因此，我们对这类极限有必要做一般性研究，并抽象出下述二重积分的定义．

7.1.2　二重积分的定义

定义 7.1.1　设 $f(x, y)$ 是有界闭区域 D 上的有界函数．若将区域 D 任意分割成 n 个小区域 $\Delta\sigma_1$，$\Delta\sigma_2$，$\cdots$，$\Delta\sigma_n$，其中 $\Delta\sigma_i$ 表示第 i 个小区域，也表示它的面积．设 λ 为所有 $\Delta\sigma_i$ 的直径的最大值，在每个小区域 $\Delta\sigma_i$ 上任取一点 (ξ_i, η_i)，作乘积 $f(\xi_i, \eta_i)\Delta\sigma_i$，并作和式 $\sum_{i=1}^{n} f(\xi_i, \eta_i)\Delta\sigma_i$，如果当 $\lambda \to 0$ 时，和的极限总存在，则称此极限值为函数 $f(x, y)$ 在闭区域 D 上的二重积分，记作 $\iint_D f(x, y)\mathrm{d}\sigma$，即

$$\iint_D f(x, y)\mathrm{d}\sigma = \lim_{\lambda \to 0} \sum_{i=1}^{n} f(\xi_i, \eta_i)\Delta\sigma_i \tag{7.1.1}$$

其中 $f(x, y)$ 称为被积函数，$f(x, y)\mathrm{d}\sigma$ 称为被积表达式，$\mathrm{d}\sigma$ 称为面积元素，x、y 称为积分变量，D 称为积分区域，$\sum_{i=1}^{n} f(\xi_i, \eta_i)\Delta\sigma_i$ 称为积分和．

根据二重积分的定义，其值和区域 D 的分法无关，在直角坐标系中如果用平行于坐标轴的直线网来分割区域 D，除靠近边界曲线的一些小区域之外，其余皆为小矩形，从中任取一个小区域 $\Delta\sigma$，其面积可表示为 $\Delta\sigma = \Delta x \cdot \Delta y$．因此，在直角坐标系中面积元素 $\mathrm{d}\sigma = \mathrm{d}x\mathrm{d}y$，从而有

$$\iint_D f(x, y)\mathrm{d}\sigma = \iint_D f(x, y)\mathrm{d}x\mathrm{d}y$$

由二重积分的定义可知，曲顶柱体的体积 V 是函数 $f(x, y)$ 在底面区域 D 上的二重积分

$$V = \iint_D f(x, y)\mathrm{d}x\mathrm{d}y$$

当 $f(x, y)$ 在有界闭区域 D 上连续时，式（7.1.1）右端的和式的极限必定存在．

也就是说，函数 $f(x, y)$ 在 D 上的二重积分必定存在．我们总假定函数 $f(x, y)$ 在闭区域 D 上连续，所以 $f(x, y)$ 在 D 上的二重积分都存在，后面不再每次都加以说明．

下面给出二重积分的几何意义：

（1）如果被积函数 $f(x, y) \geqslant 0$，二重积分的几何意义就是曲顶柱体的体积．

（2）如果 $f(x, y) < 0$，柱体就在 xOy 面的下方，二重积分的绝对值仍等于柱体的体积，但二重积分的值是负值．

（3）如果 $f(x, y)$ 在 D 上若干区域是正的，其他部分区域是负的，我们可以把 xOy 面上的柱体体积取成正的，xOy 面下方的柱体体积取成负的，那么 $f(x, y)$ 在 D 上的二重积分就等于这些部分区域的柱体体积的代数和．

7.1.3 二重积分的性质

比较定积分和二重积分的定义可以得到，二重积分与定积分有类似的性质．

性质 7.1.1 设 α，β 为常数，则

$$\iint\limits_{D} [\alpha f(x, y) + \beta g(x, y)] \mathrm{d}\sigma = \alpha \iint\limits_{D} f(x, y) \mathrm{d}\sigma + \beta \iint\limits_{D} g(x, y) \mathrm{d}\sigma$$

该性质为二重积分的线性性质．

性质 7.1.2 若区域 D 分为两个部分区域 D_1 和 D_2，则

$$\iint\limits_{D} f(x, y) \mathrm{d}\sigma = \iint\limits_{D_1} f(x, y) \mathrm{d}\sigma + \iint\limits_{D_2} f(x, y) \mathrm{d}\sigma$$

该性质为二重积分对积分区域的可加性，在以后的计算中经常用到．

性质 7.1.3 若在 D 上 $f(x, y) = 1$，$S(D)$ 为区域 D 的面积，则

$$\iint\limits_{D} \mathrm{d}\sigma = S(D)$$

性质 7.1.4 若在 D 上恒有 $f(x, y) \geqslant g(x, y)$，则

$$\iint\limits_{D} f(x, y) \mathrm{d}\sigma \geqslant \iint\limits_{D} g(x, y) \mathrm{d}\sigma$$

此性质经常用来比较二重积分的大小．

例 7.1.1 比较积分 $I_1 = \iint\limits_{D} (x + y) \mathrm{d}\sigma$ 与 $I_2 = \iint\limits_{D} (x + y)^2 \mathrm{d}\sigma$，其中 D 由 x 轴、y 轴及直线 $x + y = 1$ 围成．

解 在 D 内，$0 \leqslant x + y \leqslant 1$，故 $(x + y)^2 \leqslant (x + y)$，所以

$$\iint\limits_{D} (x + y)^2 \mathrm{d}\sigma \leqslant \iint\limits_{D} (x + y) \mathrm{d}\sigma$$

性质 7.1.5 设 M 与 m 分别是 $f(x, y)$ 在有界闭区域 D 上最大值和最小值，$S(D)$ 是区域 D 的面积，则

$$m \cdot S(D) \leqslant \iint\limits_{D} f(x, y) \mathrm{d}\sigma \leqslant M \cdot S(D)$$

此性质用来估计二重积分值的范围．

例 7.1.2 不作计算，估计 $I = \iint\limits_{D} \mathrm{e}^{(x^2 + y^2)} \mathrm{d}\sigma$ 的值，其中 D 是椭圆闭区域：$x^2 + y^2 = 4$

解　区域 D 的面积 $\sigma = 4\pi$，在 D 上因为 $0 \leqslant x^2 + y^2 \leqslant 4$，所以 $1 = e^0 \leqslant e^{x^2+y^2} \leqslant e^4$，由性质 7.1.5 知，

$$4\pi \leqslant \iint\limits_{D} e^{(x^2+y^2)} d\sigma \leqslant 4\pi e^4$$

性质 7.1.6（二重积分的中值定理）　设函数 $f(x, y)$ 在闭区域 D 上连续，$S(D)$ 是区域 D 的面积，则在 D 上至少存在一点 (ξ, η)，使得

$$\iint\limits_{D} f(x,y) d\sigma = f(\xi,\eta) \cdot S(D)$$

习　题　7.1

1. 比较下列二重积分的大小．

(1) $I_1 = \iint\limits_{D} (x+y)^2 d\sigma$ 与 $I_2 = \iint\limits_{D} (x+y)^3 d\sigma$，$D$ 是由 x 轴，y 轴与直线 $x+y=1$ 围成的区域．

(2) $I_1 = \iint\limits_{D} \ln(x+y) d\sigma$ 与 $I_2 = \iint\limits_{D} [\ln(x+y)]^2 d\sigma$，其中 D 由 $x+y=2$，$x=1$ 及 $y=0$ 所围成．

2. 利用二重积分的性质估计下列二重积分的值．

(1) $I = \iint\limits_{D} (x+y+2) d\sigma$，$D$ 是矩形区域：$0 \leqslant x \leqslant 2$，$0 \leqslant y \leqslant 1$．

(2) $I = \iint\limits_{D} (x^2 + 4y^2 + 9) d\sigma$，其中 $D = \{(x, y) | x^2 + y^2 \leqslant 4\}$．

7.2　直角坐标系下二重积分的计算

本节我们讨论一般的二重积分的计算方法，其基本思想是，把二重积分转化为两次定积分来计算，转化后的两次定积分称为二次积分或者累次积分．

7.2.1　利用直角坐标系计算二重积分

为了分析积分区域 D，下面先给出 X－型区域和 Y－型区域的概念，然后具体讨论二重积分的计算．

X－型区域表示为

$$\{(x,y) | a \leqslant x \leqslant b, \varphi_1(x) \leqslant y \leqslant \varphi_2(x)\}$$

其中函数 $\varphi_1(x)$、$\varphi_2(x)$ 在区间 $[a, b]$ 上连续．这种区域的特点是：穿过此区域内部且垂直于 x 轴的直线与该区域的边界相交不多于两个交点，如图 7.2.1 所示．

Y－型区域表示为

$$\{(x,y) | c \leqslant y \leqslant d, \psi_1(x) \leqslant x \leqslant \psi_2(y)\}$$

其中函数 $\psi_1(y)$、$\psi_2(y)$ 在区间 $[c, d]$ 上连续．这种区域特点是：穿过此区域且垂直于 y 轴的直线与该区域的边界相交不多于两个交点，如图 7.2.2 所示．

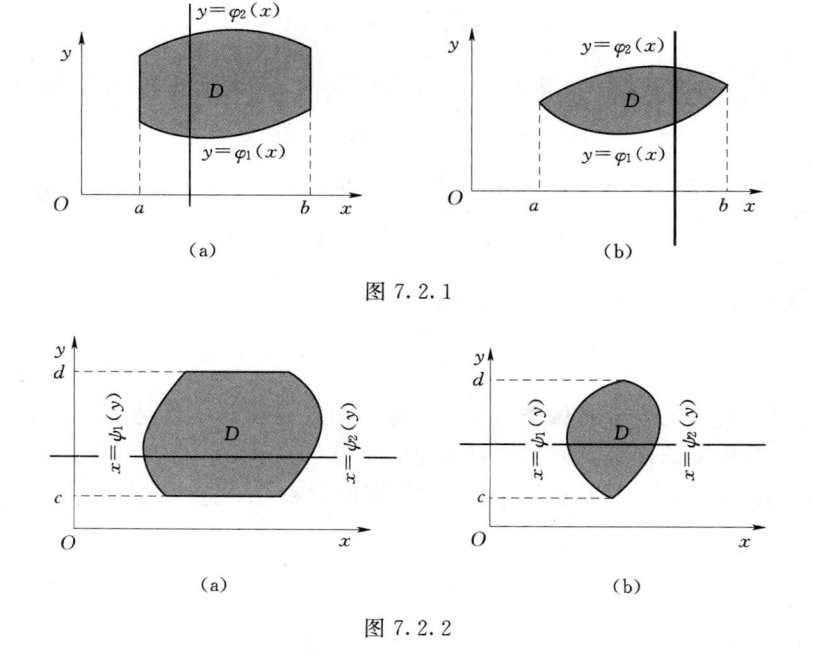

图 7.2.1

图 7.2.2

下面用几何意义来讨论二重积分 $\iint\limits_{D} f(x,y)\mathrm{d}\sigma$ 的计算. 在讨论中我们假定 $f(x,y)\geqslant 0$.

假定积分区域 D 是 $X-$型区域:$D=\{(x,y)\mid a\leqslant x\leqslant b,\varphi_1(x)\leqslant y\leqslant\varphi_2(x)\}$,由二重积分的几何意义知,二重积分 $\iint\limits_{D} f(x,y)\mathrm{d}\sigma$ 的值等于以 D 为底,以曲面 $z=f(x,y)$ 为顶的曲顶柱体的体积,如图 7.2.3 所示.

下面我们应用计算"平行截面面积为已知的立体的体积"的方法,来计算这个曲顶柱体的体积.

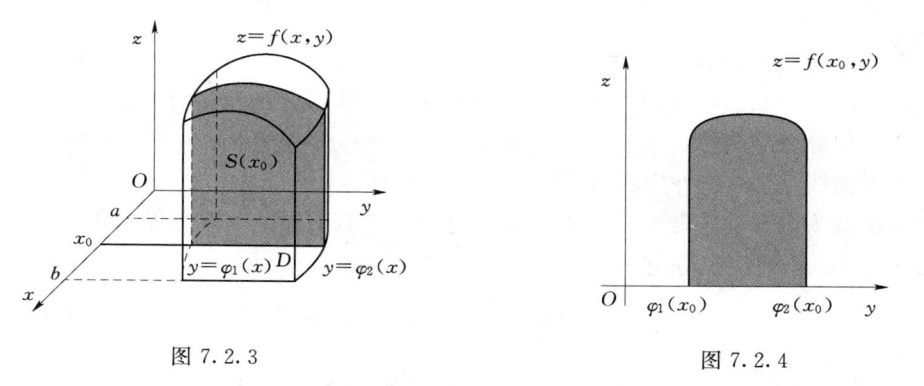

图 7.2.3

图 7.2.4

先计算截面面积. 为此,在区间 $[a,b]$ 上任意取一点 x_0,作平行于 yOz 面的平面 $x=x_0$. 这个平面截曲顶柱体所得的截面(图 7.2.3 中阴影部分)投影到 yOz 面上,得到一个以区间 $[\varphi_1(x_0),\varphi_2(x_0)]$ 为底,曲线 $z=f(x_0,y)$ 为曲边的曲边梯形(图 7.2.4),所以这个截面的面积为

$$A(x_0) = \int_{\varphi_1(x_0)}^{\varphi_2(x_0)} f(x_0, y) \mathrm{d}y$$

一般地，过区间 $[a, b]$ 上任一点 x 平行于 yOz 面的平面截曲顶柱体的截面的面积为

$$A(x) = \int_{\varphi_1(x)}^{\varphi_2(x)} f(x, y) \mathrm{d}y$$

于是，应用计算平行截面面积为已知的立体体积的方法，得曲顶柱体体积为

$$V = \int_a^b A(x) \mathrm{d}x = \int_a^b \left[\int_{\varphi_1(x)}^{\varphi_2(x)} f(x, y) \mathrm{d}y \right] \mathrm{d}x$$

这个体积也就是所求二重积分的值，从而有等式

$$\iint\limits_D f(x, y) \mathrm{d}\sigma = \int_a^b \left[\int_{\varphi_1(x)}^{\varphi_2(x)} f(x, y) \mathrm{d}y \right] \mathrm{d}x \tag{7.2.1}$$

式（7.2.1）右端的积分叫做**先对 y、后对 x 的二重积分**. 就是说，先把 x 看作常数，把 $f(x, y)$ 只看作 y 的函数，并对 y 计算从 $\varphi_1(x)$ 到 $\varphi_2(x)$ 的定积分；然后把算得的结果（是 x 的函数）再对 x 计算在区间 $[a, b]$ 上的定积分. 这个先对 y、后对 x 的二次积分也常记作

$$\int_a^b \mathrm{d}x \int_{\varphi_1(x)}^{\varphi_2(x)} f(x, y) \mathrm{d}y$$

因此式（7.2.1）也写作

$$\iint\limits_D f(x, y) \mathrm{d}\sigma = \int_a^b \mathrm{d}x \int_{\varphi_1(x)}^{\varphi_2(x)} f(x, y) \mathrm{d}y \tag{7.2.2}$$

在上述讨论中，我们假定 $f(x, y) \geqslant 0$，但实际上式（7.2.1）和式（7.2.2）的成立并不受此条件的限制.

类似地，如果积分区域 D 是 $Y-$型区域：

$$D = \{(x, y) \mid c \leqslant y \leqslant d, \psi_1(y) \leqslant x \leqslant \psi_2(y)\}$$

则有

$$\iint\limits_D f(x, y) \mathrm{d}\sigma = \int_c^d \mathrm{d}y \int_{\psi_1(y)}^{\psi_2(y)} f(x, y) \mathrm{d}x \tag{7.2.3}$$

式（7.2.3）右端的积分为先对 x、后对 y 的二次积分.

式（7.2.2）和式（7.2.3）即为二重积分化为二次积分的基本计算公式.

注意：积分区域为 $X-$型区域时，要先 y 后 x 积分，内层积分由下方边界曲线 $\varphi_1(x)$ 到上方边界曲线 $\varphi_2(x)$，外层积分由左到右积分，即式（7.2.2）.

积分区域为 $Y-$型区域时，要先 x 后积分 y，内层积分由左方边界曲线 $\psi_1(y)$ 到右方边界曲线 $\psi_2(y)$，外层积分由下到上积分，即式（7.2.3）.

例 7.2.1 计算二重积分 $I = \iint\limits_D xy \mathrm{d}\sigma$，其中 D 是由直线 $x=1$、$y=x$ 及 $y=2$ 所围成的闭区域.

解 方法 1 首先画出积分区域 D，如图 7.2.5 所示. 显然 D 既是 $X-$型区域也是 $Y-$型区域，如果将积分区域 D 看作 $X-$型区域，则 D 可表示为

$$D = \{(x, y) \mid 1 \leqslant x \leqslant 2, x \leqslant y \leqslant 2\}$$

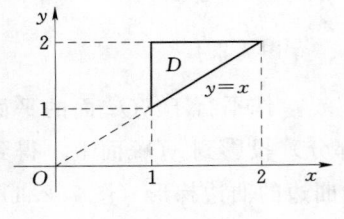

图 7.2.5

因此

$$I = \int_1^2 \mathrm{d}x \int_x^2 xy\,\mathrm{d}y = \int_1^2 \left[x \cdot \frac{y^2}{2} \right] \Big|_x^2 \mathrm{d}x = \int_1^2 \left(2x - \frac{x^3}{2} \right) \mathrm{d}x = \frac{9}{8}$$

方法 2 如果将积分区域 D 看作 Y 一型区域，则 D 可表示为

$$D = \{(x,y) \mid 1 \leqslant y \leqslant 2, 1 \leqslant x \leqslant y\}$$

因此

$$I = \int_1^2 \mathrm{d}y \int_1^y xy\,\mathrm{d}x = \int_1^2 \left[y \cdot \frac{x^2}{2} \right] \Big|_1^y \mathrm{d}y = \int_1^2 \left(\frac{y^3}{2} - \frac{y}{2} \right) \mathrm{d}y = \frac{9}{8}$$

例 7.2.2 计算二重积分 $I = \iint\limits_D xy\,\mathrm{d}\sigma$，其中 D 是由抛物线 $y^2 = x$ 及直线 $y = x - 2$ 所围成的闭区域.

解 方法 1 首先画出积分区域 D 如图 7.2.6 所示.

易见区域 D 既是 X 一型区域也是 Y 一型区域. 如果将积分区域 D 看作 Y 一型区域，则 D 可表示为

$$D = \{(x,y) \mid -1 \leqslant y \leqslant 2, y^2 \leqslant x \leqslant y + 2\}$$

因此

$$I = \int_{-1}^2 \mathrm{d}y \int_{y^2}^{y+2} xy\,\mathrm{d}x = \int_{-1}^2 \left[y \cdot \frac{x^2}{2} \right] \Big|_{y^2}^{y+2} \mathrm{d}y = \frac{1}{2} \int_{-1}^2 [y(y+2)^2 - y^5]\mathrm{d}y = \frac{45}{8}$$

方法 2 如果将积分区域 D 看作 X 一型区域，则 D 需分成 D_1 和 D_2 两部分，如图 7.2.7 所示.

其中 D_1 和 D_2 的分别表示为

$$D_1 = \{(x,y) \mid 0 \leqslant x \leqslant 1, -\sqrt{x} \leqslant y \leqslant \sqrt{x}\}$$
$$D_2 = \{(x,y) \mid 1 \leqslant x \leqslant 4, x - 2 \leqslant y \leqslant \sqrt{x}\}$$

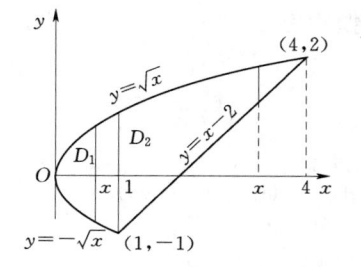

图 7.2.6   图 7.2.7

根据积分的区域可加性，有

$$I = \iint\limits_D xy\,\mathrm{d}\sigma = \iint\limits_{D_1} xy\,\mathrm{d}\sigma + \iint\limits_{D_2} xy\,\mathrm{d}\sigma = \int_0^1 \mathrm{d}x \int_{-\sqrt{x}}^{\sqrt{x}} xy\,\mathrm{d}y + \int_1^4 \mathrm{d}x \int_{x-2}^{\sqrt{x}} xy\,\mathrm{d}y = \frac{45}{8}$$

显然方法 2 的计算量要比方法 1 大. 由此可见，为了尽可能减少计算量，我们需要考虑积分区域的形状从而选择合适的表示方法.

例 7.2.3 计算二重积分 $I = \iint\limits_D \mathrm{e}^{y^2}\,\mathrm{d}\sigma$，其中 D 是由 $y = x$、$y = 1$ 及 y 轴所围成的闭区域.

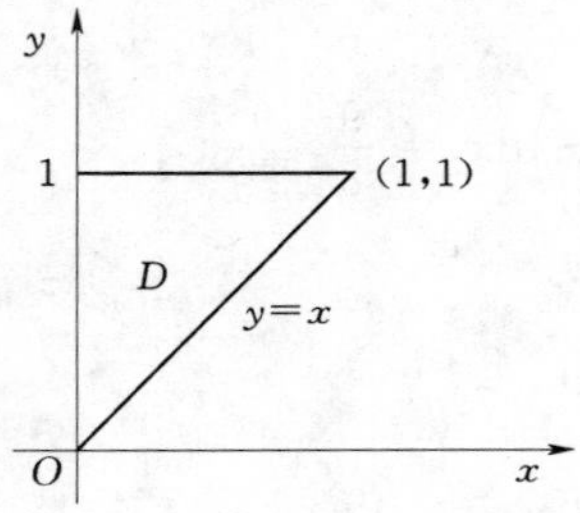

解 画出积分区域 D，如图 7.2.8 所示．

如果将积分区域 D 看作 X－型区域，则 D 可表示为

$$D=\{(x,y)\mid 0\leqslant x\leqslant 1,x\leqslant y\leqslant 1\}$$

从而

$$I=\iint_D e^{y^2}\,\mathrm{d}\sigma=\int_0^1\mathrm{d}x\int_x^1 e^{y^2}\,\mathrm{d}y$$

因为 $\int e^{y^2}\,\mathrm{d}y$ 的原函数不能用初等函数表示，所以不易积分，应选择另一种积分次序．现将区域 D 看作 Y－型区域，则 D 可表示为

$$D=\{(x,y)\mid 0\leqslant y\leqslant 1,0\leqslant x\leqslant y\}$$

因此

$$I=\int_0^1\mathrm{d}y\int_0^y e^{y^2}\,\mathrm{d}x=\int_0^1 e^{y^2}[x]\Big|_0^y\mathrm{d}y=\int_0^1 ye^{y^2}\,\mathrm{d}y=\frac{1}{2}\int_0^1 e^{y^2}\,\mathrm{d}(y^2)=\frac{1}{2}(e-1)$$

由此题可见，将二重积分转化为二次积分计算时，要恰当的选择积分顺序，不但要考虑积分区域，同时还要考虑被积函数的特征，从而能够简化计算过程．

注意：凡遇到如下形式的积分

$$\int e^{\pm x^2}\,\mathrm{d}x,\int \sin x^2\,\mathrm{d}x,\int\frac{\sin x}{x}\,\mathrm{d}x,\int\frac{1}{\ln x}\,\mathrm{d}x$$

等，一定放在外层积分．

例 7.2.4 求由平面 $x=0$，$y=0$，$x+y=1$ 所围成的柱体被平面 $z=0$ 及抛物面 $x^2+y^2=6-z$ 截得的立体的体积 V．

解 根据题意，所截得的立体是以

$$D=\{(x,y)\mid 0\leqslant x\leqslant 1,0\leqslant y\leqslant 1-x\}$$

为底，以抛物面 $z=6-(x^2+y^2)$ 为顶，如图 7.2.9 所示．
则

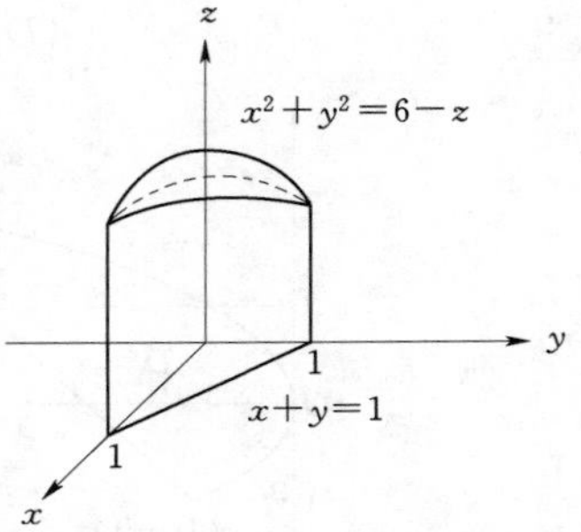

$$\begin{aligned}
V&=\iint_D(6-x^2-y^2)\,\mathrm{d}\sigma\\
&=\int_0^1\mathrm{d}x\int_0^{1-x}(6-x^2-y^2)\,\mathrm{d}y\\
&=\int_0^1\left[6(1-x)-x^2(1-x)-\frac{1}{3}(1-x)^3\right]\mathrm{d}x=\frac{17}{6}
\end{aligned}$$

图 7.2.9

7.2.2 交换二次积分次序

从 7.2.1 的几个例子可以看出，将积分区域看成 X－型还是 Y－型，不仅影响到计算的繁简，而且可能影响到能否得到最后的结果．因此，我们将二重积分化为二次积分后计算较繁或不易算出，则可以考虑交换积分次序．交换给定的二次积分的次序，一般有以下步骤：

(1) 根据给定的二次积分的积分限，用不等式组写出变量的变化范围，并判断积分区域被看成的类型（X－型或 Y－型），画出积分区域．

(2) 根据积分区域的图形，将积分区域看成另一类型（Y－型或 X－型），并用不等式组表示．

（3）写出新次序的二次积分．

例 7.2.5 交换下列二次积分的积分次序．

（1）$\int_0^1 \mathrm{d}y \int_0^y f(x,y)\mathrm{d}x$

（2）$\int_0^1 \mathrm{d}x \int_0^{\sqrt{2x-x^2}} f(x,y)\mathrm{d}y + \int_1^2 \mathrm{d}x \int_0^{2-x} f(x,y)\mathrm{d}y$

解 （1）由给定的二次积分，用不等式组表示积分区域为
$$0 \leqslant y \leqslant 1,\ 0 \leqslant x \leqslant y$$
可以判断是将积分区域看成是 $Y-$型，画出积分区域的图形（图 7.2.10）．

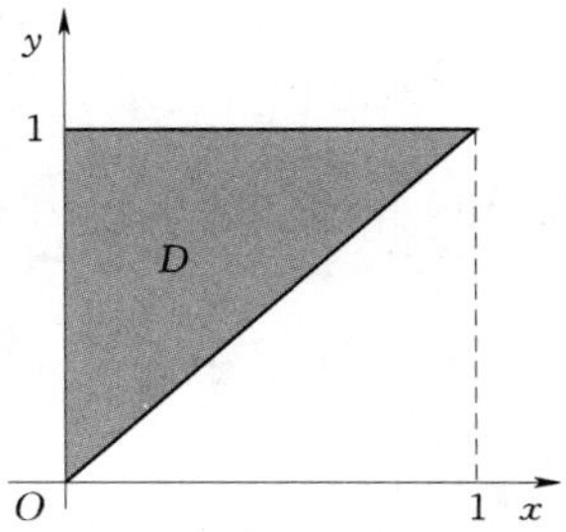

将积分区域看成 $X-$型，用不等式组表示为
$$0 \leqslant x \leqslant 1,\ x \leqslant y \leqslant 1$$
所以
$$\int_0^1 \mathrm{d}y \int_0^y f(x,y)\mathrm{d}x = \int_0^1 \mathrm{d}x \int_x^1 f(x,y)\mathrm{d}y$$

图 7.2.10

（2）由给定的二次积分可知是将积分区域 D 看成 $X-$型，并且由两小块区域构成，用不等式组表示为
$$D_1:0 \leqslant x \leqslant 1,0 \leqslant y \leqslant \sqrt{2x-x^2};D_2:1 \leqslant x \leqslant 2,0 \leqslant y \leqslant 2-x$$

在同一坐标系中画出积分区域（图 7.2.11）将积分区域看成 $Y-$型，用不等式组表示为
$$D:0 \leqslant y \leqslant 1,1-\sqrt{1-y^2} \leqslant x \leqslant 2-y$$
所以
$$\int_0^1 \mathrm{d}x \int_0^{\sqrt{2x-x^2}} f(x,y)\mathrm{d}y + \int_1^2 \mathrm{d}x \int_0^{2-x} f(x,y)\mathrm{d}y = \int_0^1 \mathrm{d}y \int_{1-\sqrt{1-y^2}}^{2-y} f(x,y)\mathrm{d}x$$

例 7.2.6 计算二重积分 $I = \int_0^{\frac{\pi}{2}} \mathrm{d}y \int_y^{\sqrt{\frac{\pi}{2}y}} \frac{\sin x}{x} \mathrm{d}x$．

解 如果直接计算该二次积分，被积函数 $\int_y^{\sqrt{\frac{\pi}{2}}} \frac{\sin x}{x}\mathrm{d}x$ 不易积分，所以首先交换积分次序．画出积分区域 D（图 7.2.12），将积分区域 D 写成 $X-$型区域为

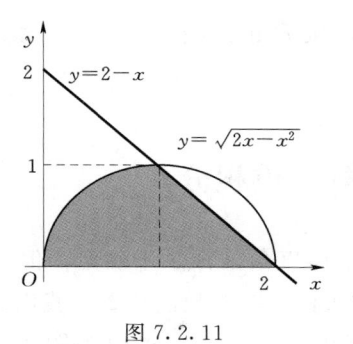

图 7.2.11

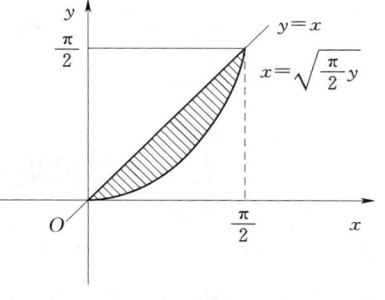

图 7.2.12

$$D=\left\{(x,y)\;\middle|\;0\leqslant x\leqslant\frac{\pi}{2},\frac{2}{\pi}x^2\leqslant y\leqslant x\right\}$$

则

$$I=\int_0^{\frac{\pi}{2}}\mathrm{d}x\int_{\frac{2}{\pi}x^2}^{x}\frac{\sin x}{x}\mathrm{d}y=\int_0^{\frac{\pi}{2}}\frac{\sin x}{x}\left(x-\frac{2}{\pi}x^2\right)\mathrm{d}x=1-\frac{2}{\pi}$$

习　题　7.2

1. 画出积分区域，计算下列二重积分.

(1) $\iint\limits_{D}xy^2\mathrm{d}\sigma$，$D$：$|x|\leqslant1$，$|y|\leqslant1$

(2) $\iint\limits_{D}(x+y)\mathrm{d}\sigma$，其中 D 是由 $y=\frac{1}{x}$，$y=2$ 及 $x=2$ 所围成的闭区域.

(3) $\iint\limits_{D}x\sin(x+y)\mathrm{d}\sigma$，$D$ 是平面区域：$0\leqslant x\leqslant\pi$，$0\leqslant y\leqslant\frac{\pi}{2}$.

(4) $\iint\limits_{D}\frac{\sin y}{y}\mathrm{d}\sigma$，$D$ 由直线 $x=0$，$y=\frac{\pi}{2}$，$y=x$ 所围成.

2. 交换下列二次积分的积分次序.

(1) $\int_0^1\mathrm{d}y\int_y^{\sqrt{y}}f(x,y)\mathrm{d}x$ 　　　　(2) $\int_0^2\mathrm{d}y\int_{y^2}^{2y}f(x,y)\mathrm{d}x$

(3) $\int_1^e\mathrm{d}x\int_0^{\ln x}f(x,y)\mathrm{d}y$ 　　　　(4) $\int_{-6}^2\mathrm{d}x\int_{\frac{x^2}{4}-1}^{2-x}f(x,y)\mathrm{d}y$

(5) $\int_0^4\mathrm{d}y\int_0^{\frac{y}{2}}f(x,y)\mathrm{d}x+\int_4^6\mathrm{d}y\int_0^{6-y}f(x,y)\mathrm{d}x$

3. 求由平面 $x=0$，$y=0$，$z=0$，$x+y=1$，$z=1+x+y$ 所围成的立体的体积.

4. 某城市的形状呈直角三角形，若以两直角边为坐标轴建立坐标系，则位于 x 轴和 y 轴上的城市长度各为 16km 和 12km. 根据多年的税收统计资料分析，税收情况与地理位置的关系大体为

$$R(x,y)=20x+10y(单位：万元/\mathrm{km}^2)$$

试计算该城市总体的税收收入.

5. 计算 $\iint\limits_{D}y[1+xf(x^2+y^2)]\mathrm{d}x\mathrm{d}y$，其中积分区域 D 由曲线 $y=x^2$ 与直线 $y=1$ 所围成.

7.3　利用极坐标系计算二重积分

我们知道，平面内一点 P 的位置可以通过建立平面直角坐标系来确定，但直角坐标系在某一些情况下用起来不是太方便，比如，要确定大海上一艘船的位置. 我们还有什么方法来确定平面内点的位置？实际上，如果知道平面内点 P 到一定点 O 的距离和 OP 与一固定射线间的夹角，就可以确定 P 点在平面上的位置，这就是极坐标系.

7.3.1 极坐标系

首先我们介绍一下有关极坐标的基本概念.

在 xOy 平面内取一个定点 O，自点 O 引一条射线 Ox，同时选定一个长度单位和角度的正方向（通常取逆时针方向），这样就建立了一个极坐标系. 其中 O 叫**极点**，Ox 叫做**极轴**.

对于平面内任何一点 P，用 r 表示线段 OP 的长度，θ 表示从 Ox 到 OP 的角度，r 叫做点 P 的极径，θ 叫做点 P 的极角，有序数对（r，θ）叫点 P 的极坐标（图 7.3.1）.

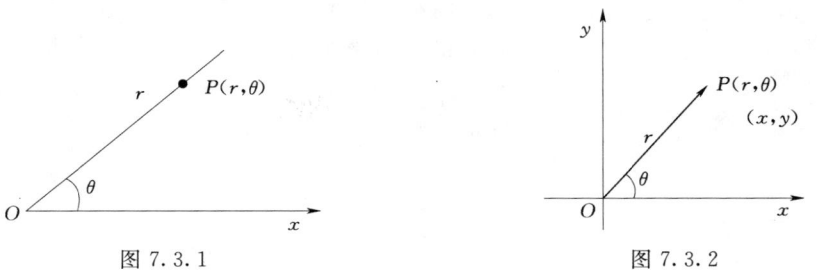

图 7.3.1　　　　　　　　　　图 7.3.2

注意：由点 P 的极径的几何意义知，极径 $r \geqslant 0$，极角 θ 的范围为任意值.

如果以极点 O 为原点，以极轴 Ox 作为 x 的正半轴，并且取相同的长度单位，建立直角坐标系（图 7.3.2），那么平面内同一点的极坐标（r，θ）与直角坐标（x，y）之间有下面的关系：

$$\begin{cases} x = r\cos\theta \\ y = r\sin\theta \end{cases} \tag{7.3.1}$$

利用此转换公式，可以将一些曲线的直角坐标方程转化成极坐标方程. 例如：

（1）圆心在原点 O，半径为 R 的圆，其直角坐标方程为 $x^2 + y^2 = R^2$，用式（7.3.1）可以得到圆的极坐标方程为 $r = R$［图 7.3.3（a）］.

（2）圆心在（a，0），半径为 a 的圆，其直角坐标方程为 $(x-a)^2 + y^2 = a^2$，用式（7.3.1）可以得到它的极坐标方程 $r = 2a\cos\theta$［图 7.3.3（b）］.

（3）圆心在（0，a），半径为 a 的圆，其直角坐标方程为 $x^2 + (y-a)^2 = a^2$，用式（7.3.1）可以得到它的极坐标方程 $r = 2a\sin\theta$［图 7.3.3（c）］.

（4）直线 $y = x$，用式（7.3.1）可得，其极坐标方程为 $\theta = \dfrac{\pi}{4}$［图 7.3.3（d）］.

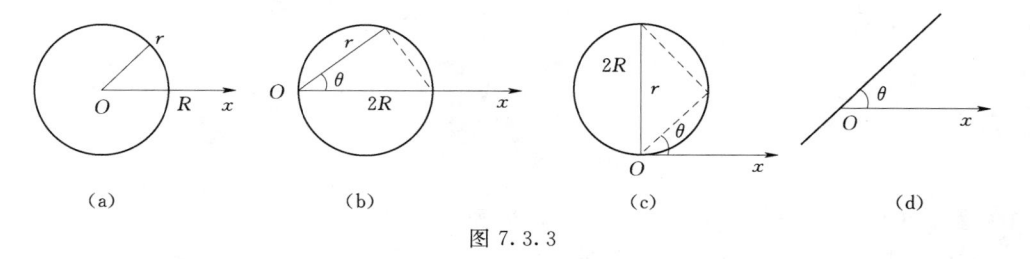

(a)　　　　　　(b)　　　　　　(c)　　　　　　(d)

图 7.3.3

7.3.2 极坐标下二重积分的计算

有些二重积分，积分区域 D 的边界曲线用极坐标方程来表示比较方便，如圆形或扇形区域的边界等，且被积函数用极坐标变量 r，θ 表示比较简单，如被积函数 $f(x, y)$ 由 $x^2 + y^2$、$\dfrac{y}{x}$ 构成，这时，我们就应考虑用极坐标来计算此二重积分.

假定区域 D 的边界与过极点的射线相交不多于两点，函数 $f(x, y)$ 在 D 上连续. 我们用以极点为中心的一簇同心圆：$r =$ 常数，以及从极点出发的一族射线：$\theta =$ 常数，把区域 D 划分成 n 个小闭区域如图 7.3.4 所示.

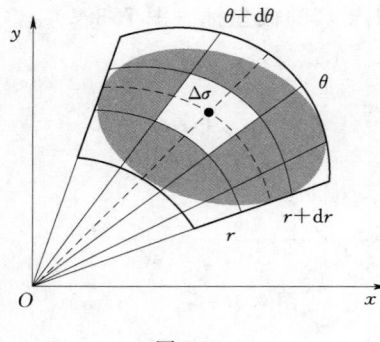

图 7.3.4

除包含边界点的一些小闭区域外，其他小闭区域均可以看做是扇形的一部分. 任取一小闭区域 $\Delta\sigma$（$\Delta\sigma$ 同时也表示该小闭区域的面积），它是由半径分别为 r、$r + \Delta r$ 的同心圆和极角分别为 θ、$\theta + \Delta\theta$ 的射线所确定，则

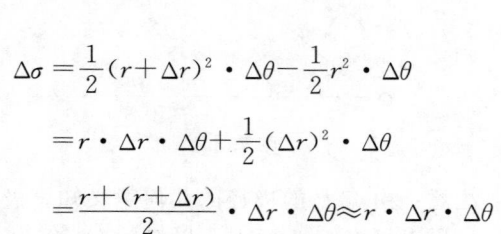

$$\Delta\sigma = \frac{1}{2}(r + \Delta r)^2 \cdot \Delta\theta - \frac{1}{2}r^2 \cdot \Delta\theta$$

$$= r \cdot \Delta r \cdot \Delta\theta + \frac{1}{2}(\Delta r)^2 \cdot \Delta\theta$$

$$= \frac{r + (r + \Delta r)}{2} \cdot \Delta r \cdot \Delta\theta \approx r \cdot \Delta r \cdot \Delta\theta$$

于是，可以得到极坐标系下的面积元素 $\mathrm{d}\sigma = r\mathrm{d}r\mathrm{d}\theta$.

由直角坐标和极坐标之间的转换关系

$$x = r\cos\theta, \quad y = r\sin\theta$$

从而得到直角坐标系下与极坐标系下二重积分的转换公式为

$$\iint\limits_{D} f(x, y)\mathrm{d}x\mathrm{d}y = \iint\limits_{D} f(r\cos\theta, r\sin\theta)r\mathrm{d}r\mathrm{d}\theta$$

极坐标系中的二重积分，同样可化为二次积分来计算. 根据极点与积分区域 D 的位置关系可以分为以下两种情形.

（1）极点不在积分区域 D 内.

设积分区域 D 可以用不等式 $\alpha \leqslant \theta \leqslant \beta$，$\varphi_1(\theta) \leqslant r \leqslant \varphi_2(\theta)$ 来表示，如图 7.3.5（a）所示，

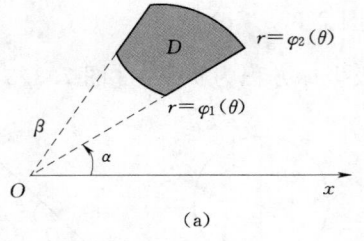
（a）

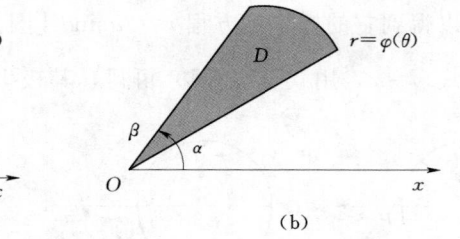
（b）

图 7.3.5

其中函数 $\varphi_1(\theta)$，$\varphi_2(\theta)$，在区间 $[a, \beta]$ 上连续.

于是得到极坐标系中的二重积分化为二次积分的公式为

$$\iint\limits_{D} f(x, y)\mathrm{d}\sigma = \iint\limits_{D} f(r\cos\theta, r\sin\theta)r\mathrm{d}r\mathrm{d}\theta = \int_{a}^{\beta}\left[\int_{\varphi_1(\theta)}^{\varphi_2(\theta)} f(r\cos\theta, r\sin\theta)r\mathrm{d}r\right]\mathrm{d}\theta$$

上式也可以写成

$$\iint\limits_{D}f(x,y)\mathrm{d}\sigma=\int_{a}^{\beta}\mathrm{d}\theta\int_{\varphi_{1}(\theta)}^{\varphi_{2}(\theta)}f(r\cos\theta,r\sin\theta)r\mathrm{d}r$$

如果积分区域 D 是如图 7.3.5（b）所示的曲边扇形，此时，区域 D 的积分限为

$$a\leqslant\theta\leqslant\beta,\ 0\leqslant r\leqslant\varphi(\theta)$$

于是

$$\iint\limits_{D}f(x,y)\mathrm{d}\sigma=\int_{a}^{\beta}\mathrm{d}\theta\int_{0}^{\varphi(\theta)}f(r\cos\theta,r\sin\theta)r\mathrm{d}r$$

（2）极点在积分区域 D 的内部.

如果积分区域 D 如图 7.3.6 所示，极点位于 D 的内部，则区域 D 的积分限为

$$0\leqslant\theta\leqslant2\pi,\ 0\leqslant r\leqslant\varphi(\theta)\ .$$

于是

$$\iint\limits_{D}f(x,y)\mathrm{d}\sigma=\int_{0}^{2\pi}\mathrm{d}\theta\int_{0}^{\varphi(\theta)}f(r\cos\theta,r\sin\theta)r\mathrm{d}r$$

例 7.3.1 计 算 $\iint\limits_{D}\dfrac{1}{1+x^{2}+y^{2}}\mathrm{d}x\mathrm{d}y$ ，其 中 D 是 由 $x^{2}+y^{2}\leqslant a^{2}$ 围成的平面闭区域.

解 积分区域 D 为圆面（图 7.3.7）.
其边界曲线的极坐标方程为 $r=a$ ，于是积分区域 D 的积分限为

$$0\leqslant\theta\leqslant2\pi,\ 0\leqslant r\leqslant a,$$

所以

$$\iint\limits_{D}\frac{1}{1+x^{2}+y^{2}}\mathrm{d}x\mathrm{d}y=\int_{0}^{2\pi}\mathrm{d}\theta\int_{0}^{a}\frac{1}{1+r^{2}}r\mathrm{d}r=\pi\ln(1+a^{2})$$

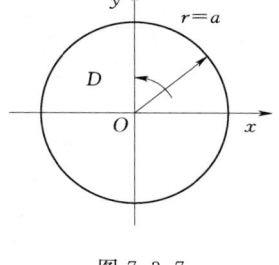

图 7.3.7

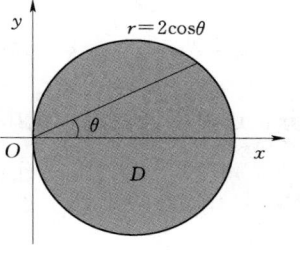

图 7.3.8

例 7.3.2 计算 $\iint\limits_{D}\dfrac{y^{2}}{x^{2}}\mathrm{d}x\mathrm{d}y$ ，其中 D 是由曲线 $x^{2}+y^{2}=2x$ 围成的平面闭区域.

解 积分区域 D 如图 7.3.8 所示，其边界曲线的极坐标方程为 $r=2\cos\theta$ ，于是积分区域 D 的积分限为

$$-\frac{\pi}{2}\leqslant\theta\leqslant\frac{\pi}{2},\ 0\leqslant r\leqslant2\cos\theta$$

所以

$$\iint\limits_{D}\frac{y^{2}}{x^{2}}\mathrm{d}x\mathrm{d}y=\int_{-\frac{\pi}{2}}^{\frac{\pi}{2}}\mathrm{d}\theta\int_{0}^{2\cos\theta}\frac{\sin^{2}\theta}{\cos^{2}\theta}r\mathrm{d}r=\int_{-\frac{\pi}{2}}^{\frac{\pi}{2}}2\sin^{2}\theta\mathrm{d}\theta=\pi$$

例 7.3.3　在下列不同积分区域下计算 $\iint\limits_{D}\mathrm{e}^{-(x^{2}+y^{2})}\mathrm{d}\sigma$，其中积分区域

(1) D 是由圆 $x^{2}+y^{2}=R^{2}$ 所围成的区域.

(2) D 是全平面区域.

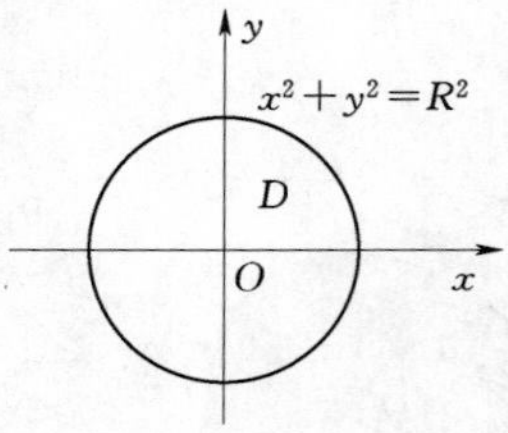

解　(1) 积分区域 D 如图 7.3.9 所示，其边界曲线的极坐标方程为 $r=R$，于是积分区域 D 的积分限为

$$0\leqslant\theta\leqslant2\pi,\ 0\leqslant r\leqslant R$$

所以

$$\iint\limits_{D}\mathrm{e}^{-(x^{2}+y^{2})}\mathrm{d}\sigma=\int_{0}^{2\pi}\mathrm{d}\theta\int_{0}^{R}\mathrm{e}^{-r^{2}}r\mathrm{d}r=2\pi\int_{0}^{R}\mathrm{e}^{-r^{2}}r\mathrm{d}r$$

$$=-\pi\int_{0}^{R}\mathrm{e}^{-r^{2}}\mathrm{d}(-r^{2})=-\pi(\mathrm{e}^{-r^{2}}\mid_{0}^{R})=\pi(1-\mathrm{e}^{-R^{2}})$$

图 7.3.9

(2) 设 D_{R} 是以原点为圆心、半径为 R 的圆域，由 (1) 可得

$$\iint\limits_{D_{R}}\mathrm{e}^{-(x^{2}+y^{2})}\mathrm{d}\sigma=\pi(1-e^{-R^{2}})$$

当 $R\to+\infty$，$D_{R}\to D$ 时

$$\iint\limits_{D}\mathrm{e}^{-(x^{2}+y^{2})}\mathrm{d}\sigma=\lim_{R\to+\infty}\iint\limits_{D_{R}}\mathrm{e}^{-(x^{2}+y^{2})}\mathrm{d}\sigma=\lim_{R\to+\infty}\pi(1-\mathrm{e}^{-R^{2}})=\pi$$

这种积分区域为无界区域的二重积分，称为无界区域上的**反常二重积分**.

利用本题的结论，可以得到泊松积分

$$\int_{-\infty}^{+\infty}\mathrm{e}^{-x^{2}}\mathrm{d}x=\sqrt{\pi}$$

这是因为

$$\iint\limits_{D}\mathrm{e}^{-(x^{2}+y^{2})}\mathrm{d}\sigma=\int_{-\infty}^{+\infty}\mathrm{e}^{-x^{2}}\mathrm{d}x\cdot\int_{-\infty}^{+\infty}\mathrm{e}^{-y^{2}}\mathrm{d}y=\left(\int_{-\infty}^{+\infty}\mathrm{e}^{-x^{2}}\mathrm{d}x\right)^{2}=\pi$$

利用泊松积分，还可以证明概率论中的一个重要结果

$$\int_{-\infty}^{+\infty}\frac{1}{\sqrt{2\pi}}\mathrm{e}^{-\frac{x^{2}}{2}}\mathrm{d}x=1$$

习　题　7.3

1. 利用极坐标计算下列各题.

(1) $\iint\limits_{D}\ln(1+x^{2}+y^{2})\mathrm{d}\sigma$，其中 D 是由圆周 $x^{2}+y^{2}=1$ 所围成的闭区域.

(2) $\iint\limits_{D}\sqrt{R^{2}-x^{2}-y^{2}}\mathrm{d}\sigma$，其中 D 是圆周 $x^{2}+y^{2}=Rx$ 所围成的闭区域.

(3) $\iint\limits_{D}(4-x-y)\mathrm{d}\sigma$，$D$ 是圆域 $x^{2}+y^{2}\leqslant2x$.

(4) $\iint\limits_{D}\arctan\dfrac{y}{x}\mathrm{d}\sigma$ ，D 是圆周 $x^{2}+y^{2}=4$ ，$x^{2}+y^{2}=1$ 与直线 $y=0$ ，$y=x$ 所围成的在第一象限内的闭区域．

(5) $\iint\limits_{D}\dfrac{x^{2}}{y^{2}}\mathrm{d}\sigma$ ，其中 D 是直线 $y=x$ ，$x=2$ 及曲线 $xy=1$ 所围成的闭区域．

2. 化下列二次积分为极坐标形式的二次积分．

(1) $\displaystyle\int_{0}^{2a}\mathrm{d}x\int_{0}^{\sqrt{2ax-x^{2}}}f(x,y)\mathrm{d}y$ 　　　　(2) $\displaystyle\int_{0}^{a}\mathrm{d}y\int_{0}^{\sqrt{a^{2}-y^{2}}}f(x,y)\mathrm{d}x$

(3) $\displaystyle\int_{-a}^{a}\mathrm{d}x\int_{a-\sqrt{a^{2}-x^{2}}}^{a+\sqrt{a^{2}-x^{2}}}f\left(\dfrac{y}{x}\right)\mathrm{d}y$ 　　(4) $\displaystyle\int_{0}^{2}\mathrm{d}x\int_{x}^{\sqrt{3}x}f(\sqrt{x^{2}+y^{2}})\mathrm{d}y$

3. 求下列反常二重积分．

(1) $\iint\limits_{D}\mathrm{e}^{-(x+y)}\mathrm{d}x\mathrm{d}y$ ，D：$x\geqslant0$ ，$y\geqslant x$

(2) 设 $f(x,y)=\begin{cases}2\mathrm{e}^{-x-2y}, & x\geqslant0,y\geqslant0 \\ 0, & 其他\end{cases}$ ，计算 $\iint\limits_{x\geqslant2y}f(x,y)\mathrm{d}x\mathrm{d}y$．

总 习 题 七

一、选择题

1. 设 D 是由 $x=0,x+y=1,x-y=1$ 所围的平面区域，则 $\iint\dfrac{xy}{x^{2}+y^{2}}\mathrm{d}\sigma=$（　　　）．

(A) 0 　　　　　(B) 1 　　　　　(C) 2 　　　　　(D) 3

2. 二次积分 $\displaystyle\int_{0}^{\frac{\pi}{2}}\mathrm{d}\theta\int_{0}^{\cos\theta}f(r\cos\theta,r\sin\theta)r\mathrm{d}r=$（　　　）．

(A) $\displaystyle\int_{0}^{1}\mathrm{d}x\int_{0}^{1}f(x,y)\mathrm{d}y$ 　　　　　　　(B) $\displaystyle\int_{0}^{1}\mathrm{d}y\int_{0}^{\sqrt{y-y^{2}}}f(x,y)\mathrm{d}x$

(C) $\displaystyle\int_{0}^{1}\mathrm{d}y\int_{0}^{\sqrt{1-y^{2}}}f(x,y)\mathrm{d}x$ 　　　　(D) $\displaystyle\int_{0}^{1}\mathrm{d}x\int_{0}^{\sqrt{x-x^{2}}}f(x,y)\mathrm{d}y$

3. 设 $R>0,f(x,y)$ 为连续函数，则 $\displaystyle\int_{0}^{R}\mathrm{d}x\int_{0}^{\sqrt{R^{2}-x^{2}}}f(x^{2}+y^{2})\mathrm{d}y=$（　　　）．

(A) $\pi\displaystyle\int_{0}^{R}f(r^{2})r\mathrm{d}r$ 　　(B) $2\pi\displaystyle\int_{0}^{R}f(r^{2})r\mathrm{d}r$ 　　(C) $\dfrac{\pi}{2}\displaystyle\int_{0}^{R}f(r^{2})r\mathrm{d}r$ 　　(D) 0

4. 设 D 由 $y=x,y=3x,x=1$ 所围的平面区域，则 $\iint\limits_{D}(x+3y)\mathrm{d}\sigma=$（　　　）．

(A) 14 　　　　　(B) -14 　　　　　(C) $\dfrac{14}{3}$ 　　　　　(D) $-\dfrac{14}{3}$

5. 二次积分 $\displaystyle\int_{0}^{1}\mathrm{d}y\int_{y^{2}}^{y}f(x,y)\mathrm{d}x=$（　　　）．

(A) $\displaystyle\int_{0}^{1}\mathrm{d}x\int_{x^{2}}^{x}f(x,y)\mathrm{d}y$ 　　　　　(B) $\displaystyle\int_{0}^{1}\mathrm{d}x\int_{x}^{\sqrt{x}}f(x,y)\mathrm{d}y$

(C) $\int_0^1 dx \int_x^{x^2} f(x,y)dy$ (D) $\int_0^1 dx \int_{\sqrt{x}}^x f(x,y)dy$

二、填空题

1. 设 D 是 $x^2 + y^2 \leqslant 1$，$\iint\limits_D f(x^2 + y^2)d\sigma$ 在极坐标系下的累次积分为_____.

2. 设 D 为 $x^2 + y^2 \leqslant 1$，则 $\iint\limits_D (x^2 + y^2)^{3/2} - 1)d\sigma = $_____.

3. 设 D 为 $x^2 + y^2 \leqslant 4$，则 $\iint\limits_D (xy + 1)d\sigma = $_____.

4. 设 D 为 $-R \leqslant x \leqslant R, 0 \leqslant y \leqslant \sqrt{R^2 - x^2}$，则 $\iint\limits_D 2d\sigma = $_____.

5. 交换积分次序 $\int_0^3 dy \int_y^3 f(x,y)dx = $_____.

三、计算题

1. 计算 $\iint\limits_D xy d\sigma$，其中 D 由 $y = x^2, y = 0, x = 2$ 所围的平面区域.

2. 计算 $\iint\limits_D y\cos x d\sigma$，其中 D 由 $x = y^2, y = \sqrt{\dfrac{\pi}{2}}$ 及 y 轴所围的平面区域.

3. 交换积分次序 $\int_1^e dx \int_0^{\ln x} f(x,y)dy$.

4. 设 D 由 $x^2 + y^2 = \pi^2, x^2 + y^2 = 4\pi^2$ 所围的环形区域，求 $\iint\limits_D \sin(x^2 + y^2)d\sigma$.

5. 计算平面 $x + 2y + 3z = 6$ 与三个坐标平面所围得立体体积 V.

四、证明

$$\int_a^b (b-x)f(x)dx = \int_a^b dx \int_a^x f(y)dy$$

数学家简介—— 刘徽

刘徽（约 225—295），汉族，山东邹平县人，伟大的数学家，中国古典数学理论的奠基者之一。他不仅是中国数学史上一位非常伟大的数学家，而且在世界数学史上，也占有重要的地位。鉴于刘徽的巨大贡献，不少书将其称作"中国数学史上的牛顿"。刘徽的一生是为数学刻苦探求的一生。他出身平民，终生未仕，被称为"布衣"数学家。

刘徽思维敏捷，头脑灵活，既提倡推理又主张直观。他的主要贡献包括：创造了"割圆术"，运用朴素的极限思想计算圆面积及圆周率；建立了重差术；重视逻辑推理，同时又注意几何直观的作用。其中割圆术对中国古算的影响尤其深远。他的《九章算术注》和《海岛算经》是中国最宝贵的数学著作遗产。

《九章算术》是用经文在竹简写成的，历代学者对它进行校订与注释，特别是魏晋刘徽注，使它精湛博大的数学理论和光彩夺目的数学思想方法成为中华数学瑰宝和世界数学经典名著。因此刘徽是继希腊泰勒斯后，世界论证数学的杰出代表之一。

《九章算术》中关于求圆面积的古法"周三径一"是不精确的，刘徽在方田章的"圆田术"中用割圆术计算圆周率，开创了中国数学发展史上圆周率研究的新纪元。

刘徽计算到 192 边形，求得 $\pi = 157/50 = 3.14$，又算到 3072 边形的面积，得到 $\pi = 3927/1250 = 3.1416$（徽率）。

从刘徽割圆术看出，他明确地多次使用了极限思想，并采取了对面积进行无穷小分割，然后求其极限状态的和的方式解决圆面积问题的方法。这说明刘徽头脑中已经有了朴素的积分思想的萌芽，他是中算史上第一个建立可靠的理论来推算圆周率的数学家。

《海岛算经》是中国最早的一部测量数学著作，也为地图学提供了数学基础。《海岛算经》一书中，刘徽精心选编了九个测量问题，这些题目的创造性、复杂性和代表性，都在当时为西方所瞩目。

刘徽看出《九章算术》中的球体积公式是错误的，为正确计算球的体积，他创造了一个新的立体图形——"牟合方盖"。

刘徽指出，每一个高度上的水平截面圆与其外切正方形的面积比都为 π：4，他希望可以用"牟合方盖"来证实《九章算术》的公式有错误。当然他也希望由这方面入手求球体体积的正确公式，因为他知道"牟合方盖"的体积跟内接球体体积的比为 4：3，只要有方法找出"牟合方盖"的体积便可，可惜，刘徽始终不能解决。尽管问题终未解决，然而他创立的特殊形式的不可分量方法却成为后来祖冲之父子在球体积问题上取得突破的先导。

第8章 无穷级数

高等数学的研究对象是函数，研究工具是极限．无穷级数就本质而言，是一种特殊形式的极限，它是表示函数、研究函数性质以及进行数值计算的一种工具，在金融、经济管理、计算机辅助设计等方面有着广泛的应用．本章先介绍无穷级数的概念，然后讨论数项级数及其收敛性，最后研究如何将函数展成幂级数．

8.1 常数项级数的概念和性质

8.1.1 常数项级数的概念

我们知道，有限个数 u_1，u_2，$\cdots$，u_n 相加，其结果是一个有限数．那么无穷多个数相加会出现什么情形呢？先看几个具体的问题．

例如，《庄子·天下篇》中提到"一尺之棰，日取其半，万世不竭"，也就是说一根长为一尺的木棒，每天截去剩下的一半，这样的过程可以无限制地进行下去．如果把每天截下那一部分的长度"加"起来，即

$$\frac{1}{2} + \frac{1}{2^2} + \cdots + \frac{1}{2^n} + \cdots$$

这就是一个"无穷多个数相加"的例子．容易得到，这些数相加的结果是 1．

再如考察 n 位小数 $0.333\cdots3$，显然它可以表示成如下的形式：

$$0.333\cdots3 = \frac{3}{10} + \frac{3}{10^2} + \cdots \frac{3}{10^n}$$

等式右边是取自数列 $\left\{\frac{3}{10^n}\right\}$ 的前项 n 的和．如果表示无限循环小数 $0.33333\cdots$，显然只要右端的 n 无限增大，即

$$0.333\cdots3\cdots = \frac{3}{10} + \frac{3}{10^2} + \cdots + \frac{3}{10^n} + \cdots$$

等式右边是数列 $\left\{\frac{3}{10^n}\right\}$ 的所有项和．我们知道

$$\frac{3}{10} + \frac{3}{10^2} + \cdots \frac{3}{10^n} + \cdots = \lim_{n \to \infty}\left(\frac{3}{10} + \frac{3}{10^2} + \cdots \frac{3}{10^n}\right) = \frac{1}{3}$$

也就是说无限循环小数 $0.33333\cdots$ 可以表示成"无穷多个数相加"的情形．

由以上两个例子可知，这些比较复杂的数可以用较简单的数来逼近，并且能表示成无穷多个数相加的形式．

定义 8.1.1 给定一个数列

$$u_1，u_2，\cdots，u_n，\cdots$$

我们把形如

$$u_1 + u_2 + \cdots + u_n + \cdots$$

的表达式叫做**常数项无穷级数**，简称**常数项级数**或**级数**，记作 $\sum\limits_{n=1}^{\infty} u_n$ ，即

$$\sum_{n=1}^{\infty} u_n = u_1 + u_2 + \cdots + u_n + \cdots$$

其中第 n 项 u_n 叫做级数的**一般项**或**通项**.

例如

$$\sum_{n=1}^{\infty} \frac{1}{n} = 1 + \frac{1}{2} + \frac{1}{3} + \cdots + \frac{1}{n} + \cdots$$

和

$$\sum_{n=1}^{\infty} \frac{1}{n(n+1)} = \frac{1}{1 \cdot 2} + \frac{1}{2 \cdot 3} + \cdots + \frac{1}{n(n+1)} + \cdots$$

都是常数项级数，其中 $\frac{1}{n}$ 和 $\frac{1}{n(n+1)}$ 分别为上述两个级数的一般项.

上述级数的定义只是一个形式上的定义，怎样理解无穷级数中无穷多个数量相加呢？我们可以从有限项的和出发，观察它们的变化趋势，由此来理解无穷多个数量相加的含义.

无穷级数 $\sum\limits_{n=1}^{\infty} u_n$ 的前 n 项的和称为该级数的**部分和**，记为 s_n ，即

$$s_n = u_1 + u_2 + \cdots + u_n = \sum_{i=1}^{n} u_i$$

当 n 依次取 1，2，3，…时，它们构成一个新的数列 $\{s_n\}$：

$$s_1 = u_1, s_2 = u_1 + u_2, s_3 = u_1 + u_2 + u_3, \cdots, s_n = u_1 + u_2 + \cdots + u_n, \cdots$$

根据这个数列有没有极限，我们引进无穷级数 $\sum\limits_{n=1}^{\infty} u_n$ 收敛与发散的概念.

定义 8.1.2 如果级数 $\sum\limits_{n=1}^{\infty} u_n$ 的部分和数列 $\{s_n\}$ 有极限 s ，即 $\lim\limits_{n \to \infty} s_n = s$ ，则称无穷级数 $\sum\limits_{n=1}^{\infty} u_n$ **收敛**，这时极限 s 叫做此级数的和，并写成

$$s = \sum_{n=1}^{\infty} u_n = u_1 + u_2 + \cdots + u_n + \cdots$$

如果 $\{s_n\}$ 没有极限，则称无穷级数 $\sum\limits_{n=1}^{\infty} u_n$ **发散**.

显然，当级数收敛时，其部分和 s_n 是级数的和 s 的近似值，它们之间的差值

$$r_n = s - s_n = u_{n+1} + u_{n+2} + \cdots$$

叫做级数的**余项**，显然 $\lim\limits_{n \to \infty} r_n = 0$ ，而 $|r_n|$ 就是用近似值 s_n 代替 s 所产生的误差.

以上定义不仅给出了级数收敛与发散的概念，而且给出了判别级数敛散性的一个重要方法.

例 8.1.1 判定下列无穷级数的收敛性. 若收敛，求其和.

(1) $\displaystyle\sum_{n=1}^{\infty}\frac{1}{n(n+1)}$　　　　　(2) $\displaystyle\sum_{n=1}^{\infty}n$

解　(1) 由于 $u_n=\dfrac{1}{n(n+1)}=\dfrac{1}{n}-\dfrac{1}{n+1}$，

因此

$$s_n=\frac{1}{1\times 2}+\frac{1}{2\times 3}+\cdots+\frac{1}{n(n+1)}$$
$$=\left(1-\frac{1}{2}\right)+\left(\frac{1}{2}-\frac{1}{3}\right)+\cdots+\left(\frac{1}{n}-\frac{1}{n+1}\right)$$
$$=1-\frac{1}{n+1}$$

从而

$$\lim_{n\to\infty}s_n=\lim_{n\to\infty}\left(1-\frac{1}{n+1}\right)=1$$

故这个级数收敛，其和是 1.

(2) 这个级数的部分和为

$$s_n=1+2+3+\cdots+n=\frac{n(n+1)}{2}$$

显然，$\lim\limits_{n\to\infty}s_n=\infty$，因此这个级数是发散的.

例 8.1.2　无穷级数

$$\sum_{n=0}^{\infty}aq^n=a+aq+\cdots+aq^n+\cdots$$

叫做等比级数（又称为几何级数），其中 $a\neq 0$，q 叫做级数的公比. 试讨论该级数的收敛性.

解　$\displaystyle\sum_{n=0}^{\infty}aq^n$ 的部分和 $s_n=a+aq+\cdots+aq^{n-1}$. 于是

(1) 当 $|q|<1$ 时，由于 $\lim\limits_{n\to\infty}q^n=0$，则

$$\lim_{n\to\infty}s_n=\lim_{n\to\infty}\frac{a(1-q^n)}{1-q}=\frac{a}{1-q}$$

因此该级数收敛，且其和 $s=\displaystyle\sum_{n=0}^{\infty}aq^n=\frac{a}{1-q}$.

(2) 当 $|q|>1$ 时，由于 $\lim\limits_{n\to\infty}q^n=\infty$，则

$$\lim_{n\to\infty}s_n=\lim_{n\to\infty}\frac{a(1-q^n)}{1-q}=\infty$$

故该级数发散.

(3) 当 $|q|=1$ 时，

若 $q=1$，由于 $\lim\limits_{n\to\infty}s_n=\lim\limits_{n\to\infty}na=\infty$，则该级数发散.

若 $q=-1$，则 $s_n=\dfrac{a[1-(-1)^n]}{1-(-1)}$. 由于 $\lim\limits_{n\to\infty}(-1)^n$ 不存在，则 $\lim\limits_{n\to\infty}s_n$ 不存在，从而该级数也发散.

综上所述，如果等比级数 $\sum\limits_{n=0}^{\infty} aq^n$ 的公比的绝对值 $|q|<1$，则级数收敛，其和为 $s=\dfrac{a}{1-q}$；如果 $|q|\geqslant 1$，则级数发散．

例如级数

$$\sum_{n=1}^{\infty} \frac{(-3)^{n+1}}{5^n} = \frac{3^2}{5} - \frac{3^3}{5^2} + \frac{3^4}{5^3} + \cdots + \frac{(-3)^{n+1}}{5^n} + \cdots$$

是一个公比 $q=-\dfrac{3}{5}$ 的等比级数，因为 $|q| = \left|-\dfrac{3}{5}\right| < 1$，所以它是收敛的，其和为

$$s = \frac{\dfrac{3^2}{5}}{1 - \left(-\dfrac{3}{5}\right)} = \frac{9}{8}$$

又如，级数

$$\sum_{n=1}^{\infty} 3^{n-1} = 1 + 3 + 3^2 + 3^3 + \cdots + 3^{n-1} + \cdots$$

是一个公比为 $q=3$ 的等比级数，因为 $|q|=3>1$，所以它发散．

例 8.1.3 证明：**调和级数**

$$\sum_{n=1}^{\infty} \frac{1}{n} = 1 + \frac{1}{2} + \frac{1}{3} + \frac{1}{4} + \cdots + \frac{1}{n} + \cdots$$

是发散的．

证明 由通项 $u_n = \dfrac{1}{n}$ 的形式，我们引入函数 $f(x) = \dfrac{1}{x}$．因为 $f(x)$ 在 $x>0$ 时是递减函数，所以当 $n\leqslant x\leqslant n+1$ 时，$\dfrac{1}{n}\geqslant\dfrac{1}{x}$，由定积分性质知

$$\frac{1}{n} = \int_n^{n+1} \frac{1}{n}\mathrm{d}x > \int_n^{n+1} \frac{1}{x}\mathrm{d}x = \ln(n+1) - \ln n$$

从而

$$S_n = 1 + \frac{1}{2} + \cdots + \frac{1}{n} > \int_1^2 \frac{1}{x}\mathrm{d}x + \int_2^3 \frac{1}{x}\mathrm{d}x + \cdots + \int_n^{n+1} \frac{1}{x}\mathrm{d}x = \ln(n+1)$$

而 $\lim\limits_{n\to\infty}\ln(n+1) = +\infty$，所以 $\lim\limits_{n\to\infty}S_n = +\infty$，故级数 $\sum\limits_{n=1}^{\infty} \dfrac{1}{n}$ 发散．

8.1.2 无穷级数的基本性质

根据无穷级数收敛、发散以及和的概念，可以得出级数的几个基本性质．

性质 8.1.1 （1）若级数 $\sum\limits_{n=1}^{\infty} u_n$ 收敛，且其和为 s，则对任何常数 k，级数 $\sum\limits_{n=1}^{\infty} ku_n$ 也收敛，且其和为 ks．

（2）如果级数 $\sum\limits_{n=1}^{\infty} u_n$、$\sum\limits_{n=1}^{\infty} v_n$ 分别收敛于和 s、σ 即

$$\sum_{n=1}^{\infty} u_n = s, \sum_{n=1}^{\infty} v_n = \sigma$$

则级数 $\sum\limits_{n=1}^{\infty}(u_n \pm v_n)$ 也收敛，且其和为 $s \pm \sigma$.

性质 8.1.2 在级数中任意去掉、加上或者改变有限项，不会改变级数的敛散性.

性质 8.1.3 如果级数 $\sum\limits_{n=1}^{\infty} u_n$ 收敛，则对这个级数的项任意加括号之后所得级数仍收敛，且其和不变.

需要注意的是，性质 8.1.3 的成立是以级数收敛为前提的，否则结论不成立. 从级数加括号后收敛，不能推断它在未加括号前也收敛. 例如，级数

$$(1-1)+(1-1)+\cdots+(1-1)+\cdots$$

收敛于零，但是去掉括号之后的级数

$$\sum_{n=1}^{\infty}(-1)^{n+1} = 1-1+1-1+1-1+\cdots$$

却是发散的.

性质 8.1.4（级数收敛的必要条件） 如果级数 $\sum\limits_{n=1}^{\infty} u_n$ 收敛，则当 $n \to \infty$ 时，它的一般项趋于零，即

$$\lim_{n \to \infty} u_n = 0$$

证明 设 $\sum\limits_{n=1}^{\infty} u_n = s$，由于 $u_n = s_n - s_{n-1}$，故

$$\lim_{n \to \infty} u_n = \lim_{n \to \infty}(s_n - s_{n-1}) = \lim_{n \to \infty} s_n - \lim_{n \to \infty} s_{n-1} = s - s = 0$$

由性质 8.1.4 可知，如果级数 $\sum\limits_{n=1}^{\infty} u_n$ 的一般项不趋于零（包含 $\lim\limits_{n \to \infty} u_n$ 不存在的情形），则该级数必定发散. 例如，级数 $\sum\limits_{n=1}^{\infty} \dfrac{2n}{3n+1}$，由于

$$\lim_{n \to \infty} u_n = \lim_{n \to \infty} \frac{2n}{3n+1} = \frac{2}{3} \neq 0$$

故该级数发散.

级数收敛的必要条件常用来判定常数项级数发散，所以它十分重要.

注意：级数的一般项趋于零并不是级数收敛的充分条件，有些级数虽然一般项趋于零，但仍然是发散的. 例如，调和级数 $\sum\limits_{n=1}^{\infty} \dfrac{1}{n}$，显然它的一般项趋于零，即 $\lim\limits_{n \to \infty} u_n = \lim\limits_{n \to \infty} \dfrac{1}{n} = 0$，但它是发散的.

习　题　8.1

1. 填空题.

(1) 若级数 $\sum\limits_{n=1}^{\infty} a_n$ 收敛，级数 $\sum\limits_{n=1}^{\infty} b_n$ 发散，则级数 $\sum\limits_{n=1}^{\infty}(a_n + b_n)$ _____ .

(2) 已知级数 $\sum\limits_{n=1}^{\infty} a_n = a$，则级数 $\sum\limits_{n=1}^{\infty}(a_n + a_{n+1})$ 的和是 _____ .

（3）已知级数 $\sum\limits_{n=1}^{\infty} u_n$ 的前 n 项部分和 $S_n = \dfrac{2n}{n+1}$，则它的一般项 $u_n =$ _____．

（4）已知级数 $\sum\limits_{n=1}^{\infty} \dfrac{1}{n^2} = \dfrac{\pi^2}{6}$，则级数 $\sum\limits_{n=1}^{\infty} \dfrac{1}{(2n-1)^2}$ 的和等于 _____．

2. 求下列级数的和．

（1）$\sum\limits_{n=1}^{\infty} \dfrac{(-1)^{n-1}}{3^{n-1}}$

（2）$\sum\limits_{n=1}^{\infty} \dfrac{2^n + 3^n}{6^n}$

（3）$\sum\limits_{n=1}^{\infty} \dfrac{1}{(5n-4)(5n+1)}$

（4）$\sum\limits_{n=2}^{\infty} \dfrac{1}{n^2 - 1}$

3. 判别下列级数的敛散性．

（1）$\sum\limits_{n=1}^{\infty} (-1)^n \dfrac{9^n}{8^n}$

（2）$\sum\limits_{n=1}^{\infty} \dfrac{3 + (-1)^n}{2^n}$

（3）$\sum\limits_{n=1}^{\infty} \dfrac{1}{\sqrt[n]{a}} (a > 0)$

（4）$\sum\limits_{n=1}^{\infty} (\sqrt{n+1} - \sqrt{n})$

（5）$\sum\limits_{n=1}^{\infty} \dfrac{1}{5n}$

（6）$\sum\limits_{n=1}^{\infty} \ln\left(1 + \dfrac{1}{n}\right)$

8.2 正项级数及其审敛法

8.2.1 正项级数收敛的充分必要条件

若级数 $\sum\limits_{n=1}^{\infty} u_n$ 的每一项 $u_n \geqslant 0 (n=1, 2, \cdots)$，则称该级数为**正项级数**．

正项级数是数项级数中比较特殊而又重要的一类．以后我们将看到，许多级数的收敛性问题可归结为正项级数的收敛性问题．

设 $\sum\limits_{n=1}^{\infty} u_n (u_n \geqslant 0)$ 是一个正项级数，它的部分和为 s_n．因为 $u_n \geqslant 0 (n=1, 2, \cdots)$，所以 $s_{n+1} = s_n + u_{n+1} \geqslant s_n (n=1, 2, \cdots)$，即部分和数列 $\{s_n\}$ 是一个单调增加的数列：

$$s_1 \leqslant s_2 \leqslant \cdots s_n \leqslant \cdots$$

若数列 $\{s_n\}$ 有界，即存在某个正常数 M，使 $0 \leqslant s_n \leqslant M$，根据单调有界数列必有极限准则可知数列 $\{s_n\}$ 的极限 s 存在，并且 $s_n \leqslant s \leqslant M$，故正项级数 $\sum\limits_{n=1}^{\infty} u_n$ 收敛且其和为 s；反之，若正项级数 $\sum\limits_{n=1}^{\infty} u_n (u_n \geqslant 0)$ 收敛于 s，即 $\lim\limits_{n \to \infty} s_n = s$，根据收敛数列的有界性可知，数列 $\{s_n\}$ 有界．因此，我们得到如下基本定理．

定理 8.2.1 正项级数 $\sum\limits_{n=1}^{\infty} u_n$ 收敛的充分必要条件是它的部分和数列 $\{s_n\}$ 有界．

下面介绍正项级数的几种常用的审敛法．

8.2.2 比较审敛法及其极限形式

定理 8.2.2（比较审敛法） 设 $\sum\limits_{n=1}^{\infty} u_n$ 和 $\sum\limits_{n=1}^{\infty} v_n$ 都是正项级数，且 $u_n \leqslant v_n$（$n=1$，

2，…)，则

(1) 若级数 $\sum\limits_{n=1}^{\infty} v_n$ 收敛，则级数 $\sum\limits_{n=1}^{\infty} u_n$ 收敛．

(2) 若级数 $\sum\limits_{n=1}^{\infty} u_n$ 发散，则级数 $\sum\limits_{n=1}^{\infty} v_n$ 发散．

证明　(1) 设级数 $\sum\limits_{n=1}^{\infty} v_n$ 收敛于和 σ，则级数 $\sum\limits_{n=1}^{\infty} u_n$ 的部分和

$$s_n = u_1 + u_2 + \cdots + u_n \leqslant v_1 + v_2 + \cdots + v_n \leqslant \sigma (n=1,2,\cdots)$$

即正项级数 $\sum\limits_{n=1}^{\infty} u_n$ 的部分和数列 $\{s_n\}$ 有界，从而级数 $\sum\limits_{n=1}^{\infty} u_n$ 收敛．

(2) 利用反证法证明．假设级数 $\sum\limits_{n=1}^{\infty} v_n$ 收敛，则由 (1) 的结果可得 $\sum\limits_{n=1}^{\infty} u_n$ 必收敛，这

与已知级数 $\sum\limits_{n=1}^{\infty} u_n$ 发散矛盾，因此可知结论 (2) 成立．

例 8.2.1　讨论 p 级数

$$\sum_{n=1}^{\infty} \frac{1}{n^p} = 1 + \frac{1}{2^p} + \frac{1}{3^p} + \frac{1}{4^p} \cdots + \frac{1}{n^p} + \cdots$$

的收敛性，其中常数 $p>0$．

解　分两种情况讨论．

(1) 当 $0<p\leqslant 1$ 时，p 级数的各项大于等于调和级数 $\sum\limits_{n=1}^{\infty} \frac{1}{n}$ 的对应项，即 $\frac{1}{n^p} \geqslant \frac{1}{n}$，由

于调和级数发散，因此根据比较审敛法可知，此时 p 级数发散．

(2) 当 $p>1$ 时，记 p 级数的部分和为

$$s_n = \sum_{k=1}^{n} \frac{1}{k^p} = 1 + \frac{1}{2^p} + \frac{1}{3^p} + \frac{1}{4^p} \cdots + \frac{1}{n^p}$$

当 $p>1$ 时，取 $k-1 \leqslant x \leqslant k (k=2,3,4,\cdots)$，则有 $\frac{1}{k^p} \leqslant \frac{1}{x^p}$，所以

$$\frac{1}{k^p} = \int_{k-1}^{k} \frac{1}{k^p} \mathrm{d}x \leqslant \int_{k-1}^{k} \frac{1}{k^p} \mathrm{d}x \quad (k=2,3,4,\cdots)$$

从而

$$s_n = 1 + \frac{1}{2^p} + \frac{1}{3^p} + \frac{1}{4^p} \cdots + \frac{1}{n^p}$$

$$\leqslant 1 + \int_{1}^{2} \frac{1}{x^p} \mathrm{d}x + \int_{2}^{3} \frac{1}{x^p} \mathrm{d}x + \int_{3}^{4} \frac{1}{x^p} \mathrm{d}x + \cdots + \int_{n-1}^{n} \frac{1}{x^p} \mathrm{d}x$$

$$= 1 + \int_{1}^{n} \frac{1}{x^p} \mathrm{d}x = 1 + \frac{1}{p-1}\left(1 - \frac{1}{n^{p-1}}\right) < 1 + \frac{1}{p-1}$$

这表明 p 级数的部分和 s_n 当 $p>1$ 时有界．因此，当 $p>1$ 时，p 级数收敛．

综上所述，我们得到一个重要结论：p 级数 $\sum\limits_{n=1}^{\infty} \frac{1}{n^p}$，当 $p>1$ 时收敛，当 $0<p\leqslant 1$ 时发散．

这个结论可以直接用来判定 p 级数的收敛性，并且在以后判定级数收敛性时经常被用到．

例如，级数 $\sum\limits_{n=1}^{\infty} \dfrac{1}{n^2}$ 是 $p=2$ 的 p 级数，故该级数收敛.

又如，级数 $\sum\limits_{n=1}^{\infty} \dfrac{1}{\sqrt{n+1}}$ 是 $p=\dfrac{1}{2}$ 的 p 级数，故该级数发散.

例 8.2.2 判定下列级数的收敛性.

(1) $\sum\limits_{n=1}^{\infty} \dfrac{1}{\sqrt{n(n+1)}}$ 　　　　(2) $\sum\limits_{n=1}^{\infty} \dfrac{1}{3^n+1}$

解 （1）因为 $n(n+1)<(n+1)^2$，所以 $\dfrac{1}{\sqrt{n(n+1)}}>\dfrac{1}{\sqrt{(n+1)^2}}=\dfrac{1}{n+1}$. 而级数

$\sum\limits_{n=1}^{\infty} \dfrac{1}{n+1}$ 是发散的，根据比较审敛法可知，级数 $\sum\limits_{n=1}^{\infty} \dfrac{1}{\sqrt{n(n+1)}}$ 是发散的.

（2）因为 $\dfrac{1}{3^n+1}<\dfrac{1}{3^n}$，而等比级数 $\sum\limits_{n=1}^{\infty} \dfrac{1}{3^n}$ 是收敛的，根据比较审敛法可知，级数

$\sum\limits_{n=1}^{\infty} \dfrac{1}{3^n+1}$ 也是收敛的.

利用比较审敛法判断级数的收敛性，要用到不等式的放大或者缩小，有时不易找到被比较的级数. 为应用上的方便，下面我们给出比较审敛法的极限形式.

定理 8.2.3（比较审敛法的极限形式） 设 $\sum\limits_{n=1}^{\infty} u_n$ 和 $\sum\limits_{n=1}^{\infty} v_n$ 都是正项级数，且 $\lim\limits_{n\to\infty}\dfrac{u_n}{v_n}=l$，则

（1）若 $0<l<+\infty$，则级数 $\sum\limits_{n=1}^{\infty} u_n$ 和级数 $\sum\limits_{n=1}^{\infty} v_n$ 同时收敛或同时发散.

（2）若 $l=0$，且级数 $\sum\limits_{n=1}^{\infty} v_n$ 收敛，则级数 $\sum\limits_{n=1}^{\infty} u_n$ 收敛.

（3）若 $l=+\infty$，且级数 $\sum\limits_{n=1}^{\infty} v_n$ 发散，则级数 $\sum\limits_{n=1}^{\infty} u_n$ 发散.

运用极限形式的比较审敛法，可以免去把原级数的一般项放大或缩小以寻找适当的比较级数的困难，只要找到与原级数一般项的等价无穷小量就可以.

例 8.2.3 判定下列级数的收敛性.

(1) $\sum\limits_{n=1}^{\infty} \sin\dfrac{1}{n}$ 　　　　(2) $\sum\limits_{n=1}^{\infty} \ln\left(1+\dfrac{1}{n^2}\right)$

解 （1）因为一般项 $u_n=\sin\dfrac{1}{n}\sim\dfrac{1}{n}$ $(n\to\infty)$，令 $v_n=\dfrac{1}{n}$，故

$$\lim_{n\to\infty}\frac{u_n}{v_n}=\lim_{n\to\infty}\frac{\sin\dfrac{1}{n}}{\dfrac{1}{n}}=1$$

而级数 $\sum\limits_{n=1}^{\infty} \dfrac{1}{n}$ 发散，根据比较审敛法的极限形式知，级数 $\sum\limits_{n=1}^{\infty} \sin\dfrac{1}{n}$ 发散.

（2）因为 $\ln\left(1+\dfrac{1}{n^2}\right)\sim\dfrac{1}{n^2}$ $(n\to\infty)$，令 $v_n=\dfrac{1}{n^2}$，则

$$\lim_{n \to \infty} \frac{u_n}{v_n} = \lim_{n \to \infty} \frac{\ln\left(1+\frac{1}{n^2}\right)}{\frac{1}{n^2}} = 1$$

而级数 $\sum\limits_{n=1}^{\infty} \dfrac{1}{n^2}$ 收敛，根据比较审敛法的极限形式知，级数 $\sum\limits_{n=1}^{\infty} \ln\left(1+\dfrac{1}{n^2}\right)$ 收敛.

虽然比较审敛法的极限形式应用起来比较方便，但对于有些级数还是很难找到它一般项的等价无穷小量. 为了更加方便地判断级数的收敛性，接下来我们介绍比值审敛法和根值审敛法.

8.2.3　比值审敛法和根值审敛法

定理 8.2.4（比值审敛法）　设 $\sum\limits_{n=1}^{\infty} u_n$ 为正项级数，如果

$$\lim_{n \to \infty} \frac{u_{n+1}}{u_n} = \rho \quad （其中 \rho 允许为 +\infty）$$

则

（1）当 $\rho < 1$ 时，级数收敛.

（2）当 $1 < \rho \leqslant +\infty$ 时，级数发散.

（3）当 $\rho = 1$ 时，级数可能收敛，也可能发散.

证明　（1）当 $\rho < 1$ 时，可取一个适当小的正数 ε，使得 $\rho + \varepsilon = r < 1$，由极限定义，存在正整数 m，当 $n \geqslant m$ 时，有

$$\frac{u_{n+1}}{u_n} < \rho + \varepsilon = r$$

因此

$$u_{m+1} < r u_m, u_{m+2} < r u_{m+1} < r^2 u_m, u_{m+3} < r u_{m+2} < r^2 u_{m+1} < r^3 u_m, \cdots, u_{m+k} < r^k u_m, \cdots$$

而级数 $\sum\limits_{n=1}^{\infty} r^k u_m$ 收敛（公比为 r 且 $0 < r < 1$ 的等比级数），从而级数 $\sum\limits_{n=1}^{\infty} u_n$ 收敛.

（2）当 $1 < \rho < +\infty$ 时，取一个适当小的正数 ε，使得 $\rho - \varepsilon > 1$，由极限定义，存在正整数 m，当 $n \geqslant m$ 时，有

$$\frac{u_{n+1}}{u_n} > \rho - \varepsilon > 1$$

即 $u_{n+1} > u_n$. 所以当 $n \geqslant m$ 时，级数的一般项 u_n 逐渐增大，从而 $\lim\limits_{n \to \infty} u_n \neq 0$. 由级数收敛的必要条件可知级数 $\sum\limits_{n=1}^{\infty} u_n$ 发散.

类似地，可以证明当 $\rho = +\infty$ 时，$\lim\limits_{n \to \infty} u_n \neq 0$，从而级数 $\sum\limits_{n=1}^{\infty} u_n$ 发散.

（3）当 $\rho = 1$ 时，级数可能收敛，也可能发散. 例如 p 级数 $\sum\limits_{n=1}^{\infty} \dfrac{1}{n^p}$，不论 p 为何值，总有

$$\lim_{n \to \infty} \frac{u_{n+1}}{u_n} = \lim_{n \to \infty} \frac{\frac{1}{(n+1)^p}}{\frac{1}{n^p}} = 1$$

但我们知道，对于 p 级数而言，当 $p>1$ 时级数收敛，当 $0<p\leqslant 1$ 时级数发散．因此，根据 $\rho=1$ 不能判定级数的收敛性．

例 8.2.4 判定下列级数的收敛性．

(1) $\displaystyle\sum_{n=1}^{\infty}\frac{n^n}{n!}$ $\qquad$ (2) $\displaystyle\sum_{n=1}^{\infty}\frac{n!}{10^n}$ $\qquad$ (3) $\displaystyle\sum_{n=1}^{\infty}\frac{n\cos^2\frac{n\pi}{3}}{2^{n-1}}$

解 （1）因为

$$\lim_{n\to\infty}\frac{u_{n+1}}{u_n}=\lim_{n\to\infty}\frac{\frac{(n+1)^{n+1}}{(n+1)!}}{\frac{n^n}{n!}}=\lim_{n\to\infty}\frac{(n+1)^{n+1}}{(n+1)!}\cdot\frac{n!}{n^n}=\lim_{n\to\infty}\left(1+\frac{1}{n}\right)^n=\mathrm{e}>1$$

根据比值审敛法可知，级数 $\displaystyle\sum_{n=1}^{\infty}\frac{n^n}{n!}$ 发散．

（2）因为

$$\lim_{n\to\infty}\frac{u_{n+1}}{u_n}=\lim_{n\to\infty}\frac{\frac{(n+1)!}{10^{n+1}}}{\frac{n!}{10^n}}=\lim_{n\to\infty}\frac{(n+1)!}{10^{n+1}}\cdot\frac{10^n}{n!}=\lim_{n\to\infty}\frac{n+1}{10}=+\infty$$

根据比值审敛法可知，级数 $\displaystyle\sum_{n=1}^{\infty}\frac{n!}{10^n}$ 发散．

（3）由于 $\dfrac{n\cos^2\frac{n\pi}{3}}{2^{n-1}}\leqslant\dfrac{n}{2^{n-1}}$，对于级数 $\displaystyle\sum_{n=1}^{\infty}\frac{n}{2^{n-1}}$，因为

$$\lim_{n\to\infty}\frac{u_{n+1}}{u_n}=\lim_{n\to\infty}\frac{\frac{n+1}{2^n}}{\frac{n}{2^{n-1}}}=\lim_{n\to\infty}\frac{n+1}{2^n}\cdot\frac{2^{n-1}}{n}=\frac{1}{2}<1$$

根据比值审敛法知，级数 $\displaystyle\sum_{n=1}^{\infty}\frac{n}{2^{n-1}}$ 收敛．再由比较审敛法可知，级数 $\displaystyle\sum_{n=1}^{\infty}\frac{n\cos^2\frac{n\pi}{3}}{2^{n-1}}$ 收敛．

定理 8.2.5（根值审敛法或柯西判别法） 设 $\displaystyle\sum_{n=1}^{\infty}u_n$ 为正项级数，如果

$$\lim_{n\to\infty}\sqrt[n]{u_n}=\rho(\text{其中 }\rho\text{ 允许为}+\infty)$$

则当 $\rho<1$ 时，级数收敛；当 $1<\rho\leqslant+\infty$ 时，级数发散；当 $\rho=1$ 时，需另找其他方法进行判别．

定理 8.2.5 的证明与定理 8.2.4 的证明相仿，这里从略．

例 8.2.5 判别级数 $\displaystyle\sum_{n=1}^{\infty}\left(\frac{n}{2n+1}\right)^n$ 的敛散性．

解 因为

$$\lim_{n\to\infty}\sqrt[n]{u_n}=\lim_{n\to\infty}\sqrt[n]{\left(\frac{n}{2n+1}\right)^n}=\lim_{n\to\infty}\frac{n}{2n+1}=\frac{1}{2}<1,$$

所以，根据根值审敛法可知，级数 $\sum\limits_{n=1}^{\infty}\left(\dfrac{n}{2n+1}\right)^{n}$ 收敛.

以上介绍了判别正项级数敛散性的几种常用方法. 在实际运用中，经常先检查一般项的极限是否为 0. 若不为 0，则级数发散；若为 0，再根据一般项的特点，选择适当的审敛法判别其敛散性.

习　题　8.2

1. 用比较审敛法或其极限形式判定下列级数的收敛性.

(1) $\sum\limits_{n=1}^{\infty}\dfrac{3}{2^{n}+3}$ $\qquad\qquad$ (2) $\sum\limits_{n=1}^{\infty}\dfrac{1}{n\sqrt{n+1}}$

(3) $\sum\limits_{n=1}^{\infty}\dfrac{1}{\ln(n+1)}$ $\qquad\qquad$ (4) $\sum\limits_{n=1}^{\infty}\ln\left(1+\dfrac{1}{n^{2}}\right)$

(5) $\sum\limits_{n=1}^{\infty}\left(1-\cos\dfrac{a}{n}\right)$ $(a>0$ 常数$)$ $\qquad\qquad$ (6) $\sum\limits_{n=1}^{\infty}n\sin\dfrac{a}{n^{2}}$

2. 用比值判别法判别下列各题的敛散性.

(1) $\sum\limits_{n=1}^{\infty}\dfrac{5^{n}}{n\cdot3^{n}}$ $\qquad\qquad$ (2) $\sum\limits_{n=1}^{\infty}\dfrac{2^{n}}{n(n+1)}$

(3) $\sum\limits_{n=1}^{\infty}\dfrac{2^{n}n!}{n^{n}}$ $\qquad\qquad$ (4) $\sum\limits_{n=1}^{\infty}n\tan\dfrac{\pi}{2^{n+1}}$

3. 判别下列级数的敛散性.

(1) $\sum\limits_{n=1}^{\infty}a^{n}\left|\sin\dfrac{\pi}{b^{n}}\right|$ $(0<a<b)$ $\qquad\qquad$ (2) $\sum\limits_{n=1}^{\infty}\sqrt{\dfrac{n+1}{n}}$

(3) $\sum\limits_{n=1}^{\infty}\dfrac{a^{n}}{1+a^{2n}}$ $(a>0)$ $\qquad\qquad$ (4) $\sum\limits_{n=1}^{\infty}\dfrac{1}{na+b}$ $(a>0,b>0)$

4. 证明如果正项级数 $\sum\limits_{n=1}^{\infty}u_{n}$ 收敛，则级数 $\sum\limits_{n=1}^{\infty}u_{n}^{2}$ 与 $\sum\limits_{n=1}^{\infty}\dfrac{u_{n}}{1+u_{n}}$ 均收敛.

8.3　任意项级数的绝对收敛与条件收敛

如果对常数项级数 $\sum\limits_{n=1}^{\infty}u_{n}$ 的一般项 u_{n} 的符号不加限制，则称为**任意项级数**. 本节先介绍一种特殊的任意项级数——交错级数及莱布尼茨判别法，然后介绍任意项级数收敛的两种方式：绝对收敛和条件收敛.

8.3.1　交错级数与莱布尼茨判别法

设 $u_{n}>0$ $(n=1，2，\cdots)$，称级数 $\sum\limits_{n=1}^{\infty}(-1)^{n}u_{n}$ 或 $\sum\limits_{n=1}^{\infty}(-1)^{n-1}u_{n}$ 为**交错级数**.

判别交错级数收敛的方法如下：

定理 8.3.1（莱布尼茨判别法）　如果交错级数 $\sum\limits_{n=1}^{\infty}(-1)^{n-1}u_{n}$ 满足以下两个条件：

（1）　$u_n \geqslant u_{n+1}$（$n = 1,\ 2,\ \cdots$）

（2）　$\lim\limits_{n \to \infty} u_n = 0$

则级数 $\sum\limits_{n=1}^{\infty}(-1)^{n-1}u_n$ 收敛，且其和 $s \leqslant u_1$.

证明　先证明前 $2n$ 项的和 s_{2n} 的极限存在．为此把 s_{2n} 写成两种形式：
$$s_{2n} = (u_1 - u_2) + (u_3 - u_4) + (u_5 - u_6) + \cdots + (u_{2n-1} - u_{2n})$$

及
$$s_{2n} = u_1 - (u_2 - u_3) - (u_4 - u_5) - \cdots - (u_{2n-2} - u_{2n-1}) - u_{2n}$$

由条件（1）知道所有括号中的差都是非负的．由第一种形式可知数列 $\{s_{2n}\}$ 是单调增加的，由第二种形式可知 $s_{2n} < u_1$．于是，根据单调有界数列必有极限准则可知，当 n 无限增大时，s_{2n} 趋于一个极限 s，并且 $s \leqslant u_1$，即
$$\lim\limits_{n \to \infty} s_{2n} = s \leqslant u_1$$

再证明前 $2n+1$ 项的和 s_{2n+1} 的极限也是 s. 事实上，我们有
$$s_{2n+1} = s_{2n} + u_{2n+1}$$

由条件（2）可知 $\lim\limits_{n \to \infty} u_{2n+1} = 0$，因此
$$\lim\limits_{n \to \infty} s_{2n+1} = \lim\limits_{n \to \infty}(s_{2n} + u_{2n+1}) = \lim\limits_{n \to \infty} s_{2n} + \lim\limits_{n \to \infty} u_{2n+1} = s$$

由于级数的偶数项的和与奇数项的和趋于同一极限，故级数 $\sum\limits_{n=1}^{\infty}(-1)^{n-1}u_n$ 的部分和 s_n 当 $n \to \infty$ 时有极限 s. 这就证明了级数 $\sum\limits_{n=1}^{\infty}(-1)^{n-1}u_n$ 收敛于和 s，且 $s \leqslant u_1$.

例 8.3.1　判定级数 $\sum\limits_{n=1}^{\infty}(-1)^{n-1}\dfrac{1}{n}$ 的收敛性．

解　所给的级数为交错级数，且满足条件

（1）　$u_n = \dfrac{1}{n} > u_{n+1} = \dfrac{1}{n+1}$（$n = 1,\ 2,\ \cdots$）

（2）　$\lim\limits_{n \to \infty} u_n = \lim\limits_{n \to \infty}\dfrac{1}{n} = 0$

因此根据莱布尼茨判别法可知，级数 $\sum\limits_{n=1}^{\infty}(-1)^{n-1}\dfrac{1}{n}$ 收敛．

例 8.3.2　判定级数 $\sum\limits_{n=1}^{\infty}(-1)^n(\sqrt{n+1} - \sqrt{n})$ 的收敛性．

解　所给的级数为交错级数，且
$$u_n = \sqrt{n+1} - \sqrt{n} = \frac{1}{\sqrt{n+1} + \sqrt{n}},\ u_{n+1} = \sqrt{n+2} - \sqrt{n+1} = \frac{1}{\sqrt{n+2} + \sqrt{n+1}}$$

于是有

（1）　$u_n = \dfrac{1}{\sqrt{n+1} + \sqrt{n}} > u_{n+1} = \dfrac{1}{\sqrt{n+2} + \sqrt{n+1}}$　（$n = 1,\ 2,\ \cdots$）

（2）　$\lim\limits_{n \to \infty} u_n = \lim\limits_{n \to \infty}\dfrac{1}{\sqrt{n+1} + \sqrt{n}} = 0$

因此根据莱布尼茨判别法可知，级数 $\sum\limits_{n=1}^{\infty}(-1)^{n}(\sqrt{n+1}-\sqrt{n})$ 收敛.

8.3.2　绝对收敛与条件收敛

前面我们讨论了正项级数和交错级数收敛的判别法，对于更一般的任意项级数 $\sum\limits_{n=1}^{\infty}u_{n}$，其敛散性的判定较为困难，我们常常转化为原级数各项取绝对值后的正项级数 $\sum\limits_{n=1}^{\infty}|u_{n}|$ 来判别.

定义 8.3.1　如果任意项级数 $\sum\limits_{n=1}^{\infty}u_{n}$ 各项的绝对值所构成的正项级数 $\sum\limits_{n=1}^{\infty}|u_{n}|$ 收敛，则称原级数 $\sum\limits_{n=1}^{\infty}u_{n}$ **绝对收敛**；如果级数 $\sum\limits_{n=1}^{\infty}u_{n}$ 收敛，而级数 $\sum\limits_{n=1}^{\infty}|u_{n}|$ 发散，则称原级数 $\sum\limits_{n=1}^{\infty}u_{n}$ **条件收敛**.

易知级数 $\sum\limits_{n=1}^{\infty}(-1)^{n-1}\dfrac{1}{n^{2}}$ 绝对收敛，而级数 $\sum\limits_{n=1}^{\infty}(-1)^{n-1}\dfrac{1}{n}$ 条件收敛.

级数绝对收敛与条件收敛有以下重要关系：

定理 8.3.2　若级数 $\sum\limits_{n=1}^{\infty}|u_{n}|$ 收敛，则级数 $\sum\limits_{n=1}^{\infty}u_{n}$ 必收敛.

证明　令

$$v_{n}=\frac{1}{2}(u_{n}+|u_{n}|)(n=1,2,\cdots)$$

显然 $v_{n}\geqslant 0$，且 $v_{n}\leqslant|u_{n}|$（$n=1,2,\cdots$），因级数 $\sum\limits_{n=1}^{\infty}|u_{n}|$ 收敛，故由比较审敛法可知，级数 $\sum\limits_{n=1}^{\infty}v_{n}$ 收敛，从而级数 $\sum\limits_{n=1}^{\infty}2v_{n}$ 也收敛. 而 $u_{n}=2v_{n}-|u_{n}|$ 由收敛级数的基本性质可知

$$\sum_{n=1}^{\infty}u_{n}=\sum_{n=1}^{\infty}2v_{n}-\sum_{n=1}^{\infty}|u_{n}|$$

所以级数 $\sum\limits_{n=1}^{\infty}u_{n}$ 收敛.

定理 8.3.2 说明，对于任意项级数 $\sum\limits_{n=1}^{\infty}u_{n}$，如果我们用正项级数的审敛法判定级数 $\sum\limits_{n=1}^{\infty}|u_{n}|$ 收敛，则原级数收敛，且为绝对收敛.

例 8.3.3　判定下列级数的敛散性. 若收敛，指出其是绝对收敛还是条件收敛

（1）$\sum\limits_{n=1}^{\infty}\dfrac{\sin n\alpha}{n^{2}}$　　　　（2）$\sum\limits_{n=1}^{\infty}(-1)^{n}\dfrac{\sqrt{n}}{n+1}$

解　（1）因为 $\left|\dfrac{\sin n\alpha}{n^{2}}\right|\leqslant\dfrac{1}{n^{2}}$，而 $\sum\limits_{n=1}^{\infty}\dfrac{1}{n^{2}}$ 收敛，故 $\sum\limits_{n=1}^{\infty}\left|\dfrac{\sin n\alpha}{n^{2}}\right|$ 收敛，所以原级数 $\sum\limits_{n=1}^{\infty}\dfrac{\sin n\alpha}{n^{2}}$ 绝对收敛.

(2) 该级数为交错级数，其绝对值级数 $\sum\limits_{n=1}^{\infty} \dfrac{\sqrt{n}}{n+1}$ 发散．但该级数本身满足条件

$$\frac{\sqrt{n}}{n+1} > \frac{\sqrt{n+1}}{n+2} \text{和} \lim_{n \to \infty} \frac{\sqrt{n}}{n+1} = 0$$

由莱布尼茨判别法，级数 $\sum\limits_{n=1}^{\infty} (-1)^n \dfrac{\sqrt{n}}{n+1}$ 收敛，所以该级数是条件收敛．

例 8.3.4 判定级数 $\sum\limits_{n=1}^{\infty} (-1)^n \dfrac{\ln n}{n}$ 的收敛性．若收敛，指出其是绝对收敛还是条件收敛．

解 所给级数 $\sum\limits_{n=1}^{\infty} (-1)^n \dfrac{\ln n}{n}$ 为交错级数，令 $u_n = \dfrac{\ln n}{n}$，但数列 $\{u_n\}$ 的单调性不易直接判定．故借助函数

$$f(x) = \frac{\ln x}{x} \quad (x \geq 1)$$

有 $f'(x) = \dfrac{1-\ln x}{x^2} < 0 (x > e)$，且 $\lim\limits_{n \to +\infty} f(x) = \lim\limits_{n \to +\infty} \dfrac{\ln x}{x} = \lim\limits_{n \to +\infty} \dfrac{1}{x} = 0$．这说明函数 $f(x)$ 当 $x > e$ 时单调递减，并且当 $x \to +\infty$ 时极限为零，从而级数收敛．又因为 $\left| (-1)^n \dfrac{\ln n}{n} \right| > \dfrac{\ln 2}{n}$ 且 $n > 2$，而级数 $\sum\limits_{n=3}^{\infty} \dfrac{\ln 2}{n}$ 发散，由比较审敛法可知级数 $\sum\limits_{n=1}^{\infty} \left| (-1)^n \dfrac{\ln n}{n} \right|$ 发散．根据莱布尼茨判别法知，级数 $\sum\limits_{n=1}^{\infty} (-1)^n \dfrac{\ln n}{n}$ 收敛．故级数 $\sum\limits_{n=1}^{\infty} (-1)^n \dfrac{\ln n}{n}$ 为条件收敛．

习　题　8.3

1. 判别下列级数的敛散性．

(1) $\sum\limits_{n=1}^{\infty} (-1)^{n-1} \dfrac{1}{2n-1}$

(2) $\sum\limits_{n=1}^{\infty} \dfrac{(-1)^{n-1}}{\ln(n+1)}$

(3) $\sum\limits_{n=1}^{\infty} (-1)^{n-1} \dfrac{n}{2n+1}$

(4) $\sum\limits_{n=1}^{\infty} (-1)^{n-1} \sin \dfrac{1}{n}$

2. 判别下列级数是否收敛，如果收敛，是绝对收敛还是条件收敛？

(1) $\sum\limits_{n=1}^{\infty} \dfrac{\sin \frac{n\pi}{4}}{2^n}$

(2) $\sum\limits_{n=1}^{\infty} \left(\dfrac{(-1)^n}{\sqrt{n}} + \dfrac{1}{n} \right)$

(3) $\sum\limits_{n=1}^{\infty} (-1)^{n-1} \dfrac{n}{2n+1}$

(4) $\sum\limits_{n=1}^{\infty} (-1)^{n-1} \sin \dfrac{1}{n}$

3. 设级数 $\sum\limits_{n=1}^{\infty} a_n^2$ 收敛，证明级数 $\sum\limits_{n=1}^{\infty} (-1)^n \dfrac{|a_n|}{n}$ 绝对收敛．

8.4　幂　级　数

8.4.1　函数项级数的概念

若给定一个定义在区间 I 上的函数列

$$u_0(x), u_1(x), \cdots, u_n(x), \cdots$$

则把下列表达式

$$\sum_{n=0}^{\infty} u_n(x) = u_0(x) + u_1(x) + \cdots + u_n(x) + \cdots$$

称为定义在 I 上的函数项无穷级数，简称函数项级数.

对于给定的 $x_0 \in I$，若常数项级数 $\sum\limits_{n=0}^{\infty} u_n(x_0)$ 收敛，则称点 x_0 为函数项级数 $\sum\limits_{n=0}^{\infty} u_n(x)$ 的**收敛点**；如果若常数项级数 $\sum\limits_{n=0}^{\infty} u_n(x_0)$ 发散，则称点 x_0 为函数项级数 $\sum\limits_{n=0}^{\infty} u_n(x)$ 的**发散点**. 收敛点的全体称为函数项级数 $\sum\limits_{n=0}^{\infty} u_n(x)$ 的**收敛域**.

对应于收敛域内的任意一点 x，函数项级数 $\sum\limits_{n=0}^{\infty} u_n(x)$ 成为一个收敛的常数项级数，因而它有一个确定的和 s 与之对应. 这样，在收敛域内，函数项级数 $\sum\limits_{n=0}^{\infty} u_n(x)$ 的和是 x 的函数，被称为函数项级数 $\sum\limits_{n=0}^{\infty} u_n(x)$ 的**和函数**，通常记为 $s(x)$. 即

$$s(x) = \sum_{n=0}^{\infty} u_n(x) = u_0(x) + u_1(x) + \cdots + u_n(x) + \cdots$$

显然，函数项级数和函数的定义域即为它的收敛域.

下面我们讨论一类最简单且应用较多的函数项级数——幂级数.

8.4.2　幂级数及其收敛域

形如

$$\sum_{n=0}^{\infty} a_n x^n = a_0 + a_1 x + a_2 x^2 + \cdots + a_n x^n + \cdots$$

或者

$$\sum_{n=0}^{\infty} a_n (x - x_0)^n = a_0 + a_1 (x - x_0) + a_2 (x - x_0)^2 \cdots + a_n (x - x_0)^n + \cdots$$

的函数项级数称为**幂级数**，其中常数 a_0，a_1，a_2，$\cdots$，a_n，$\cdots$ 称为幂级数的系数.

例如

$$1 + x + x^2 + \cdots + x^n + \cdots$$

$$1 + (x - 1) + \frac{1}{2!} (x - 1)^2 + \cdots + \frac{1}{n!} (x - 1)^n + \cdots$$

都是幂级数.

不失一般性，我们只研究形如 $\sum\limits_{n=0}^{\infty} a_n x^n$ 的幂级数. 因为经过变换 $t = x - x_0$，幂级数 $\sum\limits_{n=0}^{\infty} a_n (x - x_0)^n$ 就可化成幂级数 $\sum\limits_{n=0}^{\infty} a_n x^n$ 的形式.

现在我们来讨论：对于一个给定的幂级数，它的收敛域是怎样的？

先来看一个简单的例子. 考察幂级数

$$1+x+x^2+\cdots+x^n+\cdots$$

的收敛性. 这既是一个幂级数, 又是一个等比级数. 故当 $|x|<1$ 时, 该级数收敛于和 $\dfrac{1}{1-x}$; 当 $|x|\geqslant 1$ 时, 该级数发散. 因此, 这个幂级数的收敛域为开区间 $(-1, 1)$, 并有

$$\frac{1}{1-x}=1+x+x^2+\cdots+x^n+\cdots \quad (-1<x<1)$$

例子中幂级数的收敛域是一个区间, 这并不是偶然现象. 实际上, 对于一般幂级数也成立. 我们有如下定理.

定理 8.4.1 ［阿贝尔（Abel）定理］ 若幂级数 $\displaystyle\sum_{n=0}^{\infty} a_n x^n$ 在 $x=x_0(x_0\neq 0)$ 处收敛, 则对适合不等式 $|x|<|x_0|$ 的一切 x, 幂级数 $\displaystyle\sum_{n=0}^{\infty} a_n x^n$ 都绝对收敛; 反之, 若幂级数 $\displaystyle\sum_{n=0}^{\infty} a_n x^n$ 在 $x=x_0$ 处发散, 则对适合不等式 $|x|>|x_0|$ 的一切 x, 幂级数 $\displaystyle\sum_{n=0}^{\infty} a_n x^n$ 都发散.

证明 设幂级数 $\displaystyle\sum_{n=0}^{\infty} a_n x^n$ 在 $x=x_0$ 处收敛, 即级数 $\displaystyle\sum_{n=0}^{\infty} a_n x_0{}^n$ 收敛. 由级数收敛的必要条件可知

$$\lim_{n\to\infty} a_n x_0^n = 0$$

因为收敛数列是有界的, 故存在常数 M, 使得

$$|a_n x_0^n| \leqslant M \quad (n=0,1,2,\cdots)$$

这样幂级数 $\displaystyle\sum_{n=0}^{\infty} a_n x^n$ 的一般项的绝对值

$$|a_n x^n| = \left| a_n x_0^n \frac{x^n}{x_0^n} \right| = |a_n x_0^n| \left| \frac{x}{x_0} \right|^n \leqslant M \left| \frac{x}{x_0} \right|^n$$

因为当 $|x|<|x_0|$ 时, $\left| \dfrac{x}{x_0} \right|<1$, 故等比级数 $\displaystyle\sum_{n=0}^{\infty} M \left| \frac{x}{x_0} \right|^n$ 收敛, 由比较审敛法, $\displaystyle\sum_{n=0}^{\infty} |a_n x^n|$ 收敛, 所以 $\displaystyle\sum_{n=0}^{\infty} a_n x^n$ 绝对收敛.

定理的第二部分可用反证法证明. 假设 $\displaystyle\sum_{n=0}^{\infty} a_n x^n$ 当 $x=x_1$ 时发散, 而有一点 x_2 适合 $|x_2|>|x_1|$, 使得级数 $\displaystyle\sum_{n=0}^{\infty} a_n x_2^n$ 收敛, 由（1）可知, 幂级数 $\displaystyle\sum_{n=0}^{\infty} a_n x_1^n$ 收敛. 这与假设矛盾, 定理得证.

定理 8.4.1 表明如果幂级数 $\displaystyle\sum_{n=0}^{\infty} a_n x^n$ 在 $x=x_0$ 处收敛, 则对于开区间 $(-|x_0|, |x_0|)$ 内的任何 x, 幂级数都收敛; 如果幂级数 $\displaystyle\sum_{n=0}^{\infty} a_n x^n$ 在 $x=x_0$ 处发散, 则对于闭区间 $[-|x_0|, |x_0|]$ 外的任何 x, 幂级数都发散. 由此, 得到下述重要推论:

推论 8.4.1 若幂级数 $\displaystyle\sum_{n=0}^{\infty} a_n x^n$ 除原点外既有收敛点, 又有发散点, 则必存在一个确

定的正实数 R，使得

当 $|x| < R$ 时，幂级数绝对收敛；

当 $|x| > R$ 时，幂级数发散；

当 $x = \pm R$ 时，幂级数可能收敛也可能发散.

正数 R 通常被称为幂级数 $\sum\limits_{n=0}^{\infty} a_n x^n$ 的 **收敛半径**. 开区间 $(-R, R)$ 称为幂级数 $\sum\limits_{n=0}^{\infty} a_n x^n$ 的 **收敛区间**. 收敛区间加上区间端点 $x = \pm R$ 处的敛散情况，就是幂级数的 **收敛域**.

如果幂级数 $\sum\limits_{n=0}^{\infty} a_n x^n$ 仅在 $x = 0$ 一点收敛，为了方便起见，规定这时收敛半径 $R = 0$；如果幂级数 $\sum\limits_{n=0}^{\infty} a_n x^n$ 对于一切 x 都收敛，则规定其收敛半径 $R = +\infty$，这时的收敛域为 $(-\infty, +\infty)$.

例 8.4.1 求下列幂级数的收敛半径与收敛域.

(1) $\sum\limits_{n=1}^{\infty} \dfrac{(-1)^{n-1} x^n}{(n+1)5^n}$ (2) $\sum\limits_{n=0}^{\infty} \dfrac{1}{n!} x^n$ (3) $\sum\limits_{n=0}^{\infty} \dfrac{(-1)^n x^{2n}}{4^n}$

解 (1) 考虑级数 $\sum\limits_{n=1}^{\infty} \left| \dfrac{(-1)^{n-1} x^n}{(n+1)5^n} \right|$，由比值审敛法

$$\lim_{n \to \infty} \left| \frac{u_{n+1}}{u_n} \right| = \lim_{n \to \infty} \frac{\left| \dfrac{x^{n+1}}{(n+2)5^{n+1}} \right|}{\left| \dfrac{x^n}{(n+1)5^n} \right|} = \frac{|x|}{5}$$

当 $\dfrac{|x|}{5} < 1$ 时，幂级数 $\sum\limits_{n=1}^{\infty} \left| \dfrac{(-1)^{n-1} x^n}{(n+1)5^n} \right|$ 收敛，级数 $\sum\limits_{n=1}^{\infty} \dfrac{(-1)^{n-1} x^n}{(n+1)5^n}$ 绝对收敛，即收敛半径 $R = 5$.

当 $x = -5$ 时，级数成为调和级数 $\sum\limits_{n=1}^{\infty} \dfrac{(-1)^{n-1}(-5)^n}{(n+1)5^n} = \sum\limits_{n=1}^{\infty} \dfrac{-1}{n+1}$，此级数发散.

当 $x = 5$ 时，级数成为交错级数 $\sum\limits_{n=1}^{\infty} \dfrac{(-1)^{n-1} 5^n}{(n+1)5^n} = \sum\limits_{n=1}^{\infty} \dfrac{(-1)^{n-1}}{n+1}$，此级数收敛.

因此，收敛域为 $(-5, 5]$.

(2) 考虑幂级数 $\sum\limits_{n=0}^{\infty} \left| \dfrac{x^n}{n!} \right|$，由比值审敛法

$$\lim_{n \to \infty} \left| \frac{u_{n+1}}{u_n} \right| = \lim_{n \to \infty} \frac{\left| \dfrac{x^{n+1}}{(n+1)!} \right|}{\left| \dfrac{x^n}{n!} \right|} = \lim_{n \to \infty} \frac{|x|}{n+1} = 0$$

当 x 为一切实数时，幂级数 $\sum\limits_{n=0}^{\infty} \dfrac{1}{n!} x^n$ 绝对收敛，所以幂级数的收敛半径 $R = +\infty$，从而其收敛域是 $(-\infty, +\infty)$.

（3）考虑幂级数 $\sum\limits_{n=0}^{\infty} \left| \dfrac{(-1)^n x^{2n}}{4^n} \right|$，由比值审敛法

$$\lim_{n \to \infty} \left| \dfrac{u_{n+1}}{u_n} \right| = \lim_{n \to \infty} \dfrac{\left| \dfrac{x^{2n+2}}{4^{n+1}} \right|}{\left| \dfrac{x^{2n}}{4^n} \right|} = \dfrac{x^2}{4}$$

当 $\dfrac{x^2}{4} < 1$，即 $|x| < 2$ 时，级数收敛；当 $\dfrac{x^2}{4} > 1$，即 $|x| > 2$ 时，级数发散. 所以收敛半径 $R = 2$.

当 $x = \pm 2$ 时，级数成为 $\sum\limits_{n=0}^{\infty} (-1)^n$，级数发散. 因此原级数的收敛域为 $(-2, 2)$.

例 8.4.2 求幂级数 $\sum\limits_{n=1}^{\infty} \dfrac{1}{2^n \cdot n}(x-1)^n$ 的收敛域.

解 利用比值审敛法.

$$\lim_{n \to \infty} \left| \dfrac{\dfrac{(x-1)^{n+1}}{2^{n+1} \cdot (n+1)}}{\dfrac{(x-1)^n}{2^n \cdot n}} \right| = \lim_{n \to \infty} \dfrac{1}{2} |x-1| = \dfrac{1}{2} |x-1|$$

当 $\dfrac{1}{2} |x-1| < 1$，即 $-1 < x < 3$ 时，级数收敛；当 $\dfrac{1}{2} |x-1| > 1$，即 $x > 3$ 或者 $x < -1$ 时，级数发散. 所以原级数的收敛区间为 $(-1, 3)$.

当 $x = -1$ 时，原幂级数化为 $\sum\limits_{n=0}^{\infty} \dfrac{(-1)^n}{n}$，而该级数收敛；当 $x = 3$ 时，原幂级数化为 $\sum\limits_{n=0}^{\infty} \dfrac{1}{n}$，而该级数发散. 因此原级数的收敛域为 $[-1, 3)$.

8.4.3 幂级数的运算及其性质

在幂级数的收敛域内，其和函数作为函数，可进行函数运算，也可讨论其连续性、可导性和可积性.

定理 8.4.2 设幂级数 $\sum\limits_{n=0}^{\infty} a_n x^n$ 与 $\sum\limits_{n=0}^{\infty} b_n x^n$ 的收敛半径分别为 R_1 和 R_2，在各自的收敛区间上分别收敛和函数 $S_1(x)$ 和 $S_2(x)$，则：

$$\left(\sum_{n=0}^{\infty} a_n x^n \right) \pm \left(\sum_{n=0}^{\infty} b_n x^n \right) = \sum_{n=0}^{\infty} (a_n \pm b_n) x^n$$

且新幂级数的收敛半径 $R = \min\{R_1, R_2\}$.

定理 8.4.3 幂级数的收敛半径为 $R(R > 0)$

（1）幂级数 $\sum\limits_{n=0}^{\infty} a_n x^n$ 的和函数 $s(x)$ 在其收敛域 I 上连续.

（2）幂级数 $\sum\limits_{n=0}^{\infty} a_n x^n$ 的和函数 $s(x)$ 在其收敛域上 I 可积，并有逐项积分公式

$$\int_0^x s(x) \mathrm{d}x = \int_0^x \left(\sum_{n=0}^{\infty} a_n x^n \right) \mathrm{d}x = \sum_{n=0}^{\infty} \int_0^x a_n x^n \mathrm{d}x = \sum_{n=0}^{\infty} \dfrac{a_n}{n+1} x^{n+1} \quad (x \in I)$$

逐项积分后所得的幂级数与原幂级数有相同的收敛半径.

（3）幂级数 $\sum\limits_{n=0}^{\infty} a_n x^n$ 的和函数 $s(x)$ 在其收敛区间 $(-R, R)$ 内可导，并有逐项求导公式

$$s'(x) = \left(\sum\limits_{n=0}^{\infty} a_n x^n\right)' = \sum\limits_{n=0}^{\infty} (a_n x^n)' = \sum\limits_{n=1}^{\infty} n a_n x^{n-1} \quad (\mid x \mid < R)$$

逐项求导后所得的幂级数与原幂级数有相同的收敛半径.

利用以上定理，可求一些幂级数的和函数. 在求幂级数的和函数中，常用到公式

$$\sum\limits_{n=0}^{\infty} x^n = \frac{1}{1-x}, x \in (-1, 1) \text{ 和 } \sum\limits_{n=1}^{\infty} x^n = \frac{x}{1-x}, x \in (-1, 1)$$

例 8.4.3　求下列幂级数的和函数.

（1）$\sum\limits_{n=1}^{\infty} n x^{n-1}$ 　　　　　　（2）$\sum\limits_{n=0}^{\infty} \dfrac{x^n}{n+1}$

解　（1）幂级数只有在收敛域中才有和函数，故先求收敛域，由比值审敛法

$$\lim_{n \to \infty} \frac{\mid u_{n+1} \mid}{\mid u_n \mid} = \lim_{n \to \infty} \frac{\mid (n+1) x^n \mid}{\mid n x^{n-1} \mid} = \mid x \mid$$

当 $\mid x \mid < 1$ 时，级数 $\sum\limits_{n=1}^{\infty} n x^{n-1}$ 绝对收敛.

当 $x = -1$ 时，级数成为 $\sum\limits_{n=1}^{\infty} (-1)^{n-1} n$，该级数发散；当 $x = 1$ 时，级数成为 $\sum\limits_{n=1}^{\infty} n$，该级数发散. 因此原级数的收敛域为 $x \in (-1, 1)$.

设 $\varphi(x) = \sum\limits_{n=1}^{\infty} n x^{n-1}$，$x \in (-1, 1)$，逐项积分得

$$\int_0^x \varphi(x) \mathrm{d}x = \int_0^x \sum\limits_{n=1}^{\infty} n x^{n-1} \mathrm{d}x = \sum\limits_{n=1}^{\infty} \int_0^x n x^{n-1} \mathrm{d}x = \sum\limits_{n=1}^{\infty} x^n = \frac{x}{1-x} \quad (-1 < x < 1)$$

对上式两端求导，得

$$\left[\int_0^x \varphi(x) \mathrm{d}x\right]' = \varphi(x) = \left(\frac{x}{1-x}\right)' = \frac{1}{(1-x)^2}, x \in (-1, 1)$$

（2）由比值审敛法

$$\lim_{n \to \infty} \frac{\mid u_{n+1} \mid}{\mid u_n \mid} = \lim_{n \to \infty} \frac{\mid (n+1) x^{n+1} \mid}{\mid (n+2) x^n \mid} = \mid x \mid$$

当 $\mid x \mid < 1$ 时，级数 $\sum\limits_{n=0}^{\infty} \dfrac{x^n}{n+1}$ 绝对收敛.

当 $x = -1$ 时，级数成为 $\sum\limits_{n=0}^{\infty} \dfrac{(-1)^n}{n+1}$，该级数收敛；当 $x = 1$ 时，级数成为

$\sum\limits_{n=0}^{\infty} \dfrac{1}{n+1}$，该级数发散. 因此原级数的收敛域为 $[-1, 1)$.

在收敛域 $[-1, 1)$ 上，设和函数 $s(x) = \sum\limits_{n=0}^{\infty} \dfrac{x^n}{n+1}$，于是

$$xs(x) = x \sum_{n=0}^{\infty} \frac{x^n}{n+1} = \sum_{n=0}^{\infty} \frac{x^{n+1}}{n+1}$$

逐项求导，并由等比级数

$$\sum_{n=0}^{\infty} x^n = 1 + x + x^2 + \cdots + x^n + \cdots = \frac{1}{1-x} \quad (|x| < 1)$$

得

$$[xs(x)]' = \left(\sum_{n=0}^{\infty} \frac{x^{n+1}}{n+1}\right)' = \sum_{n=0}^{\infty} \left(\frac{x^{n+1}}{n+1}\right)' = \sum_{n=0}^{\infty} x^n = \frac{1}{1-x} \quad (|x| < 1)$$

对上式从 0 到 x 积分，得

$$\int_0^x [xs(x)] dx = xs(x) = \int_0^x \frac{1}{1-x} dx = -\ln(1-x) \quad (-1 \leqslant x < 1)$$

于是，当 $x \neq 0$ 时，有

$$s(x) = -\frac{1}{x} \ln(1-x) \quad (-1 \leqslant x < 1)$$

而 $s(0)$ 可由 $s(0) = a_0 = 1$ 得出，也可由和函数的连续性得到

$$s(0) = \lim_{n \to \infty} s(x) = \lim_{n \to \infty} \left[-\frac{1}{x} \ln(1-x)\right] = 1$$

故

$$s(x) = \begin{cases} -\dfrac{1}{x} \ln(1-x), & x \in [-1, 0) \cup (0, 1) \\ 1, & x = 0 \end{cases}$$

习 题 8.4

1. 求下列幂级数的收敛域与收敛半径.

(1) $\displaystyle\sum_{n=1}^{\infty} \frac{(-1)^{n-1}}{n} x^n$

(2) $\displaystyle\sum_{n=0}^{\infty} \frac{x^n}{n!}$（规定 $0! = 1$）

(3) $\displaystyle\sum_{n=1}^{\infty} \frac{n+1}{3^n} x^{2n}$

(4) $\displaystyle\sum_{n=1}^{\infty} \frac{x^{2n-1}}{2n-1}$

(5) $\displaystyle\sum_{n=1}^{\infty} \frac{(x-4)^n}{\sqrt{n}}$

(6) $\displaystyle\sum_{n=0}^{\infty} \frac{(x-1)^{2n}}{2^n}$

2. 求下列级数的和函数.

(1) $\displaystyle\sum_{n=1}^{\infty} \frac{x^n}{n}$

(2) $\displaystyle\sum_{n=1}^{\infty} n x^n$

(3) $\displaystyle\sum_{n=1}^{\infty} \frac{x^{2n-1}}{2n-1}$

(4) $\displaystyle\sum_{n=1}^{\infty} n(n+1) x^n$

3. 设级数 $\displaystyle\sum_{n=1}^{\infty} a_n (x-2)^n$ 在 $x=0$ 处收敛，在 $x=4$ 处发散，求幂级数的收敛域.

4. 求 $\displaystyle\sum_{n=1}^{\infty} \frac{x^n}{n}$ 的和函数，并求交错级数 $\displaystyle\sum_{n=1}^{\infty} \frac{(-1)^{n-1}}{n}$ 的和.

8.5　函数展开成幂级数

对于一些较复杂的函数，为了方便研究，我们希望用一些简单的函数来近似表示，多项式函数被认为是一种较简单的函数，因此我们经常用多项式函数来近似表示其他复杂函数．

比如，当 $|x|$ 很小时，有如下的近似式：

$$\sin x \approx x, \quad e^x \approx 1+x$$

这些近似公式就是用一次多项式近似表达函数．但显然存在不足之处：首先对自变量 x 的限制条件，其次这种近似精确度不高，不能具体估计出误差的大小．因此，在精确度要求高且需要估计误差的时候，就有必要用高次多项式来近似表达，同时给出误差公式．

8.5.1　泰勒级数与麦克劳林级数

定理 8.5.1（泰勒中值定理）　如果函数 $f(x)$ 在含有 x_0 的某个开区间 (a, b) 内具有直到 $(n+1)$ 阶的导数，则对任意 $x \in (a, b)$，有

$$f(x)=f(x_0)+f'(x_0)(x-x_0)+\frac{f''(x_0)}{2!}(x-x_0)^2+\cdots+\frac{f^{(n)}(x_0)}{n!}n(x-x_0)^n+R_n(x)$$

其中

$$R_n(x)=\frac{f^{(n+1)}(\xi)}{(n+1)!}(x-x_0)^{n+1}$$

这里的 ξ 是介于 x_0 与 x 之间的某个值．该公式称为 $f(x)$ 按 $(x-x_0)$ 的幂展开的 **n 阶泰勒公式**，$R_n(x)$ 称为**拉格朗日型余项**．

当 $n=0$，泰勒公式就变成拉格朗日公式

$$f(x)=f(x_0)+f'(\xi)(x-x_0) \quad (\xi \text{是介于} x_0 \text{与} x \text{之间的某个值})$$

在泰勒公式中令 $x_0=0$，则

$$f(x)=f(0)+f'(0)x+\frac{f''(0)}{2!}x^2+\cdots+\frac{f^{(n)}(0)}{n!}x^n+\frac{f^{(n+1)}(\theta x)}{(n+1)!}x^{n+1}$$

其中 $0<\theta<1$，称为**麦克劳林公式**．

级数

$$f(x_0)+f'(x_0)(x-x_0)+\frac{f''(x_0)}{2!}(x-x_0)^2+\cdots+\frac{f^{(n)}(x_0)}{n!}(x-x_0)^n+\cdots$$

称为 $f(x)$ 在点 x_0 处的**泰勒级数**．

显然，当 $x=x_0$ 时，$f(x)$ 的泰勒级数收敛于 $f(x_0)$，但除了 $x=x_0$ 外，它是否收敛，如果它收敛，它是否一定收敛于 $f(x)$？对于这些问题，有下述定理．

定理 8.5.2　如果函数 $f(x)$ 在点 x_0 的某一领域 $U(x_0)$ 内具有任意阶导数，则在该领域内 $f(x)$ 在点 x_0 处可以展开为泰勒级数的充要条件是在该邻域内 $f(x)$ 的泰勒公式中的余项 $R_n(x)$ 当 $n \to \infty$ 时的极限为零，即

$$\lim_{n \to \infty} R_n(x)=0, x \in U(x_0)$$

证明　令

$$p_n(x) = f(x_0) + f'(x_0)(x-x_0) + \frac{f''(x_0)}{2!}(x-x_0)^2 + \cdots + \frac{f^{(n)}(x_0)}{n!}(x-x_0)^n$$

则
$$R_n(x) = f(x) - p_n(x)$$

先证必要性. 如果 $f(x)$ 在点 x_0 处可以展开为泰勒级数, 即

$$f(x) = f(x_0) + f'(x_0)(x-x_0) + \frac{f''(x_0)}{2!}(x-x_0)^2 + \cdots + \frac{f^{(n)}(x_0)}{n!}(x-x_0)^n + \cdots$$

则 $f(x)$ 为泰勒级数的和函数, $p_n(x)$ 为其前 $(n+1)$ 项的和, 故

$$\lim_{n \to \infty} p_n(x) = f(x)$$

所以

$$\lim_{n \to \infty} R_n(x) = \lim_{n \to \infty} [f(x) - p_n(x)] = 0$$

再证充分性. 设 $\lim\limits_{n \to \infty} R_n(x) = 0$ 对一切 $x \in U(x_0)$ 成立. 由 $f(x)$ 的 n 阶泰勒公式有

$$p_n(x) = f(x) - R_n(x)$$

令 $n \to \infty$ 上式取极限, 得

$$\lim_{n \to \infty} p_n(x) = \lim_{n \to \infty} [f(x) - R_n(x)] = f(x)$$

即 $f(x)$ 的泰勒级数在 $x \in U(x_0)$ 内收敛, 并且收敛于 $f(x)$.

在泰勒级数中, 取 $x_0 = 0$

$$f(0) + f'(0)x + \frac{f''(0)}{2!}x^2 + \cdots + \frac{f^{(n)}(0)}{n!}x^n + \cdots = \sum_{n=0}^{\infty} \frac{f^{(n)}(0)}{n!}x^n$$

该级数称为 $f(x)$ 的**麦克劳林级数**.

8.5.2 函数展开成幂级数

只要作适当的替换, 就可把麦克劳林公式转化为泰勒公式, 因此把函数展开成含 x 的幂级数通常是指展开成麦克劳林级数, 即

$$f(x) = \sum_{n=0}^{\infty} \frac{f^{(n)}(0)}{n!}x^n \quad (|x| < r)$$

要把函数 $f(x)$ 展开成 x 的幂级数, 可以按照下列步骤进行:

(1) 求出 $f(x)$ 的各阶导数.

(2) 求出 $f(x)$ 及其各阶导数在 $x = 0$ 处的值.

(3) 写出幂级数

$$f(0) + f'(0)x + \frac{f''(0)}{2!}x^2 + \cdots + \frac{f^{(n)}(0)}{n!}x^n + \cdots$$

并求出收敛半径.

(4) 考察当 $x \in (-R, R)$ 时, 余项

$$R_n(x) = \frac{f^{(n+1)}(\theta x)}{(n+1)!}x^{n+1} \quad (0 < \theta < 1)$$

极限是否为零, 若 $\lim\limits_{n \to \infty} R_n(x) = 0$, 则有

$$f(x) = f(0) + f'(0)x + \frac{f''(0)}{2!}x^2 + \cdots + \frac{f^{(n)}(0)}{n!}x^n + \cdots, x \in (-R, R)$$

上述方法称为**直接展开法**.

例 8.5.1 将函数 $f(x)=\mathrm{e}^x$ 展开成 x 的幂级数.

解 利用直接展开法. 由于 $f^{(n)}(x)=\mathrm{e}^x (n=1,2,\cdots)$, 因此 $f^{(n)}(0)=1 (n=1,2,\cdots)$, 所以 $f(x)=\mathrm{e}^x$ 的麦克劳林公式为

$$\mathrm{e}^x=1+x+\frac{x^2}{2!}+\cdots+\frac{x^n}{n!}+R_n(x)$$

其中

$$R_n(x)=\frac{1}{(n+1)!}\mathrm{e}^{\theta x}x^{n+1}, 0<\theta<1$$

又因为

$$|R_n(x)|=\left|\frac{f^{(n+1)}(\theta x)}{(n+1)!}x^{n+1}\right|=\left|\frac{\mathrm{e}^{\theta x}}{(n+1)!}x^{n+1}\right|\leqslant \mathrm{e}^{|x|}\frac{|x|^{n+1}}{(n+1)!}$$

考虑级数 $\sum\limits_{n=0}^{\infty}\mathrm{e}^{|x|}\dfrac{|x|^{n+1}}{(n+1)!}$, 由比值审敛法可知其收敛, 再由级数收敛的必要条件知其一般项的极限为零, 即

$$\lim_{n\to\infty}\mathrm{e}^{|x|}\frac{|x|^{n+1}}{(n+1)!}=0$$

于是对 $\forall x\in(-\infty,+\infty)$, 有

$$\lim_{n\to\infty}R_n(x)=0$$

因此, $f(x)=\mathrm{e}^x$ 能展开成麦克劳林级数

$$\mathrm{e}^x=1+x+\frac{1}{2!}x^2+\cdots+\frac{1}{n!}x^n+\cdots=\sum_{n=0}^{\infty}\frac{x^n}{n!}, -\infty<x<+\infty \quad (8.5.1)$$

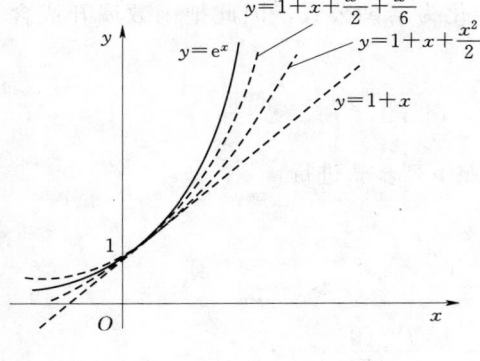

图 8.5.1

将函数展开成幂级数的目的主要是使近似计算具有较高的精确度, 从图 8.5.1 可以看出, 在 $x=0$ 处附近, 用级数的部分和 (即多项式) 来近似代替函数 e^x, 随着项数的增加, 这些曲线越来越接近于曲线 e^x.

利用直接展开法, 同理可得到 $f(x)=\sin x$, $f(x)=(1+x)^m$ (m 为任意实数) 的展开式, 即

$$\sin x=x-\frac{x^3}{3!}+\frac{x^5}{5!}+\cdots+(-1)^n\frac{x^{2n+1}}{(2n+1)!}+\cdots$$

$$=\sum_{n=0}^{\infty}(-1)^n\frac{x^{2n+1}}{(2n+1)!}, -\infty<x<+\infty \quad (8.5.2)$$

$$(1+x)^m=1+mx+\frac{m(m-1)}{2!}x^2+\cdots+\frac{m(m-1)\cdots(m-n+1)}{n!}x^n+\cdots$$

$$=\sum_{n=0}^{\infty}\frac{m(m-1)\cdots(m-n+1)}{n!}x^n, -1<x<1 \quad (8.5.3)$$

在式 (8.5.3) 中, 当 $m=1$ 时, 得到

$$\frac{1}{1+x}=1-x+x^2+\cdots+(-1)^nx^n+\cdots=\sum_{n=0}^{\infty}(-1)^nx^n, -1<x<1 \quad (8.5.4)$$

由以上例子可以看出，利用直接展开法将函数展成幂级数，计算量较大，而且研究余项也不是一件容易的事情．下面介绍间接展开的方法．

所谓**间接展开法**，就是利用一些已知函数的幂级数展开式，通过幂级数的运算（如四则运算，逐项求导，逐项积分）以及变量代换等，获得所求函数的幂级数展开式．这样做不但计算简单，并且避免研究余项．

例 8.5.2 将函数 $f(x)=\cos x$ 展开成 x 的幂级数．

解 因为 $(\sin x)'=\cos x$，故对 $\sin x$ 展开式逐项求导可得到 $\cos x$ 的展开式，即

$$\cos x=(\sin x)'=\left[x-\frac{x^3}{3!}+\frac{x^5}{5!}-\frac{x^7}{7!}+\cdots+(-1)^k\frac{x^{2k+1}}{(2k+1)!}+\cdots\right]'$$

$$=1-\frac{x^2}{2!}+\frac{x^4}{4!}-\frac{x^6}{6!}+\cdots+(-1)^k\frac{x^{2k}}{(2k)!}+\cdots$$

由幂级数和函数的性质可知，上式的收敛半径 $R=+\infty$，因此得到

$$\cos x=1-\frac{x^2}{2!}+\frac{x^4}{4!}-\frac{x^6}{6!}+\cdots+(-1)^k\frac{x^{2k}}{(2k)!}+\cdots \quad (-\infty<x<+\infty)$$

我们前面已经求出几个常用的幂级数的展开式：

$$e^x=\sum_{n=0}^{\infty}\frac{1}{n!}x^n \quad (-\infty<x<+\infty)$$

$$\sin x=\sum_{n=0}^{\infty}(-1)^n\frac{x^{2n+1}}{(2n+1)!} \quad (-\infty<x<+\infty)$$

$$\cos x=\sum_{n=0}^{\infty}(-1)^n\frac{x^{2n}}{(2n)!} \quad (-\infty<x<\infty)$$

$$\frac{1}{1+x}=\sum_{n=0}^{\infty}(-1)^nx^n \quad (-1<x<1)$$

对 $\dfrac{1}{1+x}=\sum_{n=0}^{\infty}(-1)^nx^n$ 两边从 0 到 x 积分，可得

$$\ln(1+x)=\sum_{n=0}^{\infty}\frac{(-1)^n}{n+1}x^{n+1}=\sum_{n=1}^{\infty}\frac{(-1)^{n-1}}{n}x^n \quad (-1<x\leqslant1)$$

以上五个幂级数展开式是最常用的，需要大家记住．下面再举几个用间接展开法把函数展开成幂级数的例子．

例 8.5.3 将函数 $f(x)=\arctan x$ 展开成 x 的幂级数．

解 由于

$$f'(x)=(\arctan x)'=\frac{1}{1+x^2}$$

把公式 $\dfrac{1}{1+x}=\sum_{n=0}^{\infty}(-1)^nx^n$ 中的 x 换为 x^2，可得

$$\frac{1}{1+x^2}=\sum_{n=0}^{\infty}(-x^2)^n=1-x^2+x^4-\cdots+(-1)^nx^{2n}+\cdots$$

$$=\sum_{n=0}^{\infty}(-1)^nx^{2n} \quad (-1<x<1)$$

将上式两端在区间 $[0,x)$ 上积分，且注意到 $f(0)=\arctan0=0$，得

$$\arctan x = \sum_{n=0}^{\infty} (-1)^n \frac{1}{2n+1} x^{2n+1} \quad (-1 < x < 1)$$

当 $x = \pm 1$ 时，上式右端级数成为 $\pm \sum_{n=0}^{\infty} (-1)^n \frac{1}{2n+1}$，由莱布尼茨定理知它们都是收敛的，因此

$$\arctan x = x - \frac{1}{3} x^3 + \frac{1}{5} x^5 - \cdots + (-1)^n \frac{1}{2n+1} x^{2n+1} + \cdots \quad (-1 \leqslant x \leqslant 1)$$

例 8.5.4　将函数 $f(x) = \dfrac{1}{x^2 + 4x + 3}$ 展开成 x 的幂级数.

解　由于 $\dfrac{1}{x^2 + 4x + 3} = \dfrac{1}{(x+1)(x+3)} = \dfrac{1}{2} \cdot \dfrac{1}{1+x} - \dfrac{1}{2} \cdot \dfrac{1}{3+x}$

其中

$$\frac{1}{1+x} = \sum_{n=0}^{\infty} (-x)^n = \sum_{n=0}^{\infty} (-1)^n x^n \quad (-1 < x < 1)$$

$$\frac{1}{3+x} = \frac{1}{3} \cdot \frac{1}{1+\frac{x}{3}} = \frac{1}{3} \sum_{n=0}^{\infty} \left(-\frac{x}{3}\right)^n = \sum_{n=0}^{\infty} (-1)^n \frac{1}{3^{n+1}} x^n \quad (-3 < x < 3)$$

故

$$f(x) = \frac{1}{x^2 + 4x + 3} = \frac{1}{2} \sum_{n=0}^{\infty} (-1)^n x^n - \frac{1}{2} \sum_{n=0}^{\infty} (-1)^n \frac{1}{3^{n+1}} x^n = \frac{1}{2} \sum_{n=0}^{\infty} (-1)^n \left[1 - \frac{1}{3^{n+1}}\right] x^n$$

由于两个幂级数的公共收敛区间为 $(-1, 1)$，又当 $x = \pm 1$ 时，级数的通项当 $n \to \infty$ 时，极限不为 0，即级数发散. 因此 $f(x)$ 的展开式在 $(-1, 1)$ 内成立.

习　题　8.5

1. 将下列函数展开成 x 的幂级数，并求其收敛域.

(1) e^{-x^2} 　　　　　(2) $\sin \dfrac{x}{3}$ 　　　　　(3) $\dfrac{1}{5-x}$

(4) $\ln(4+x)$ 　　　　(5) $\dfrac{1}{(1-x)^2}$ 　　　　(6) $\dfrac{x}{x^2 - 2x - 3}$

2. 将 $f(x) = \cos x$ 展开为 $\left(x + \dfrac{\pi}{3}\right)$ 的幂级数并指出收敛域.

3. 将 $f(x) = e^x$ 展开为 $(x-1)$ 的幂级数并指出收敛域.

4. 将 $f(x) = \dfrac{1}{x+2}$ 展开为 $(x-2)$ 的幂级数并指出收敛域.

总 习 题 八

一、选择题

1. 级数 $\sum_{n=1}^{\infty} u_n$ 的前 $2n$ 项的和 $S_{2n} \to a$ $(n \to \infty)$，则该级数 （　　）.

(A) 收敛于 a (B) 收敛于 $2a$ (C) 发散   (D) 敛散性不能确定

2. 若级数 $\sum\limits_{n=1}^{\infty}(u_n-1)$ 收敛，则 $\lim\limits_{n\to\infty}u_n=$（   ）.

(A) -1 (B) 0   (C) 1   (D) 不存在

3. 下列级数中条件收敛的是（   ）.

(A) $\sum\limits_{n=1}^{\infty}\dfrac{(-1)^{n-1}}{n^2+1}$ (B) $\sum\limits_{n=1}^{\infty}\dfrac{(-1)^{n-1}}{\left(1+\dfrac{1}{n}\right)^n}$ (C) $\sum\limits_{n=1}^{\infty}\dfrac{(-1)^{n-1}}{\sqrt[3]{n+2}}$ (D) $\sum\limits_{n=1}^{\infty}(-1)^n(\mathrm{e}^{\frac{1}{n^2}}-1)$

4. 设级数 $\sum\limits_{n=1}^{\infty}(-1)^n a_n 2^n$ 收敛，则 $\sum\limits_{n=1}^{\infty}a_n$（   ）.

(A) 绝对收敛   (B) 条件收敛   (C) 发散   (D) 敛散性不能确定

5. 级数 $\sum\limits_{n=1}^{\infty}u_n$ 收敛，则未必有（   ）.

(A) $\sum\limits_{n=1}^{\infty}ku_n$ 收敛（k 为不等于 0 的常数）   (B) $\lim\limits_{n\to\infty}u_n=0$

(C) $\sum\limits_{n=1}^{\infty}(u_{2n-1}+u_{2n})$ 收敛   (D) $\sum\limits_{n=1}^{\infty}|u_n|$ 收敛

6. 函数 $f(x)=\dfrac{1}{x-2}$ 在 $x=0$ 处展开的幂级数为（   ）.

(A) $\sum\limits_{n=0}^{\infty}\dfrac{x^n}{2^{n+1}}$ (B) $\sum\limits_{n=0}^{\infty}(-1)^n\dfrac{x^n}{2^{n+1}}$ (C) $\sum\limits_{n=0}^{\infty}\dfrac{x^n}{2^n}$ (D) $\sum\limits_{n=0}^{\infty}\dfrac{-x^n}{2^{n+1}}$

二、填空题

1. 级数 $\dfrac{2}{3}+\dfrac{4}{9}+\cdots+\dfrac{2n}{3^n}+\cdots$ 的敛散性是_____.

2. 已知级数 $\sum\limits_{n=1}^{\infty}u_n$ 的前 n 项部分和 $S_n=\dfrac{2n}{n+1}$，则 $u_n=$_____.

3. 级数 $\sum\limits_{n=1}^{\infty}\dfrac{(\ln 3)^n}{2^{n+1}}$ 的和为_____.

4. 幂级数 $\sum\limits_{n=1}^{\infty}\dfrac{x^n}{n3^n}$ 的收敛半径为 $R=$_____，收敛区间是_____.

5. 函数 $y=x^2\mathrm{e}^{-x}$ 在 $x=0$ 处的展开式为_____.

6. 若幂级数 $\sum\limits_{n=1}^{\infty}a_n(x+2)^n$ 在 $x=-4$ 处收敛，则此级数在 $x=-1$ 处_____.

三、计算题

1. 判别下列各题的敛散性（收敛时，是条件收敛还是绝对收敛）.

(1) $\sum\limits_{n=1}^{\infty}(-1)^n\dfrac{5n}{3^{n-1}}$ (2) $\sum\limits_{n=1}^{\infty}n\tan\dfrac{\pi}{3^{n+1}}$

2. 求 $\sum\limits_{n=0}^{\infty}\dfrac{x^n}{(n+1)5^n}$ 的收敛半径和收敛域.

3. 求 $\sum\limits_{n=0}^{\infty}\dfrac{2^n}{n^2+1}x^n$ 的收敛半径和收敛域.

4. 求 $\displaystyle\sum_{n=1}^{\infty}(-1)^{n-1}\frac{x^{2n}}{n3^{2n-1}}$ 的收敛半径和收敛域.

5. 设 $1+2x^2+4x^4+\cdots+2n\cdot x^{2n}+\cdots$，求收敛半径、收敛域与和函数.

6. 试求 $\displaystyle\sum_{n=1}^{\infty}\frac{2n+1}{n!}x^{2n}$ 的收敛域及和函数，并求级数 $\displaystyle\sum_{n=1}^{\infty}\frac{2n+1}{n!}$ 的和.

7. 将函数 $f(x)=\dfrac{1}{x^2}$ 展开成 $(x-3)$ 的幂级数，并指出其成立的范围.

数学家简介——阿贝尔

"阿贝尔做出了永恒、不朽的东西！他的思想将永远给我们的科学以丰饶的影响。"

——魏尔斯特拉斯

"一个人如果要在数学上有所进步，就必须向大师学习。"

——阿贝尔

尼尔期·亨利克·阿贝尔（Niels Henrik Abel，1802—1829）是挪威数学家。1802 年 8 月 5 日生于芬岛（另一说克里斯蒂安桑）；1829 年 4 月 6 日卒于弗鲁兰。

阿贝尔的父亲是村子里的基督牧师，家庭贫困。阿贝尔在中学时代得到一位很有才华的数学教师霍尔姆博（Holmboe）的教诲，引导他走上了数学研究的道路。从 16 岁开始，就自学了牛顿、欧拉、拉格朗日、勒让德等人的数学著作，被同学称为"数学迷"。阿贝尔 18 岁时，父亲就去世了，本来就贫苦的家庭又失去了唯一的经济支持，全靠几位教授和邻居的资助维持生计。在 19 岁那年，阿贝尔进入了奥斯陆大学学习。

阿贝尔有惊人的早慧，当他还是一个中学生的时候，就按照高斯对二项式方程的处理方法探讨高次方程的可解性问题。起初，他认为自己用根式已经解决了一般的五次方程，但很快就发现了自己的错误。进入大学后他继续研究这一问题，终于在 1824 年证明了一般五次方程不能像低次方程那样用根式求解，从而解决了使数学家困惑 300 年之久的一个难题，这时他年仅 22 岁，他自己出资印发了这个证明。另外，在 1823 年还发表了其他一些论文，其中包括用积分方程解古典的等时线问题，可以说它是这类方程的第一个解法，为积分方程在 19 世纪末 20 世纪初的全面发展开辟了道路。

阿贝尔深刻的数学思想超出了挪威数学界所能理解的水平，因此他渴望出访德、法等国家。在朋友和教授们的支持下，经过和政府的多次交涉，才获取了一笔数目不大的出国奖学金。

在柏林期间，他接受了高斯、柯西学派注重严格推导的学风，对分析中逻辑混乱、概念不清以及证明中的有失严格深为不满。他曾尖锐地指出："人们在分析中确实发现了惊人的含糊不清之处。这样一个完全没有计划和体系的分析，竟有那么多人研究过它，真是奇怪。最坏的是，从来没有严格地对待过分析。"他给出了二项式定理对于所有复指数都是正确的证明，从而解决了在实数和复数范围内分别求幂级数的收敛区间和收敛半径的问题。他还纠正了柯西关于连续函数的一个收敛级数的和一定连续的错误，并给出了具体例子。他还利用一致收敛的思想，正确地证明了"连续函数为项的一个一致收敛级数的和，在收敛域内是连续的"，可惜他当时未能从中把一致收敛的性质抽象概括出来，形成普遍的概念。阿贝尔这些工作有力地推进了分析学的严格化。

阿贝尔在柏林结识了一位热情的业余爱好者克莱尔（Crelle），克莱尔对阿贝尔的才华十分敬佩。阿贝尔则鼓励克莱尔创办《纯粹与应用数学学报》，这是世界上专载数学研究的第一个学术刊物，该刊物前 3 期便登载了阿贝尔 22 篇文章，他的《五次方程代数解法不可能存在的证明》就发表在创刊号上。阿贝尔把他关于五次方程的小册子寄给哥廷根大小的高斯，想借此作为见高斯的通行证。但不知什么原因高斯根本未看（因为在高斯死后 30 年，人们发现其遗物中的这本小册子还没有启封），阿贝尔觉得受到冷遇，决心不再见高斯而径自去巴黎。

在巴黎他会见了柯西、勒让德、狄利可雷等人，但这些会面也须臾敷衍，因为《纯粹与应用数学学报》这个刊物当时在法国几乎无人知道，而阿贝尔又太腼腆，不好意思在陌生人面前谈论自己的著作，因此人们并没有真正认识到他是天才。在巴黎期间他完成了论著《论一类广泛的超越函数的一般性质》，在这一论著中研究了后来所知的阿贝尔积分。阿贝尔当时把该论著呈给法国科学院，希望这能引起法国数学家们对他的注意，勒让德和柯西被任命为评审人，但不幸稿件被柯西带回家时，不知放在什么地方了，完全把它忘记了。阿贝尔空等了一段时间，终因旅资用尽不得不返回柏林。

在柏林阿贝尔完成了关于椭圆函数的一篇开创性论文后就回到了挪威，他原希望回国后能被聘为大学教授，但希望又一次落空。只能靠给私人补课为生，或当代课教师，生活极其困苦，用他自己的话来说："穷得就像教堂里的老鼠"，在这样艰苦的条件下，他仍坚持搞科研工作，主要研究椭圆函数论，并开创这一数学分支。后来阿贝尔的声誉随着他的研究成果逐渐传到欧洲的所有数学中心，但他却身处消息闭塞之地，毫无所知。更不幸的是 1829 年染上肺病，不久在贫困交加中去世，终年不足 27 岁。死后的第三天柏林大学给他的数学教授聘书才寄到挪威，这也是常使后世数学家无不为之深深惋惜的事情——迟到的聘书。

阿贝尔短促的一生，却在数学史上留下了光辉的篇章。著名数学家埃尔米特曾说："阿贝尔留下来的问题，够数学家们忙 150 年。"克莱尔在他主编的《纯粹与应用数学学报》里写道："阿贝尔在他的所有著作里都打下了天才的烙印，表现出了了不起的思维能力。我们可以说他能够穿透一切障碍深入问题的根底，具有似乎是无坚不摧的气势……他又以品格淳朴高尚以及罕见的谦逊精神出众，使他的人品也像他的天才那样受到不同寻常的爱戴。"2002 年，阿贝尔 200 周年诞辰时，为纪念挪威这位杰出数学家，挪威政府设立了以他的名字命名的这项国际大奖——阿贝尔奖（The Abel Prize），阿贝尔奖是一个奖励数学领域杰出成就的国际奖项，被视为数学界最高荣誉之一，其宗旨在于提高数学在社会中的地位，同时激励青少年学习数学的兴趣．该奖自 2003 年开始每年颁发一次，奖金额为 600 万挪威克朗，颁奖典礼于每年 6 月在奥斯陆举行。

第9章　微分方程与差分方程

在研究经济管理和科学技术的许多问题中，函数具有重要的作用．由于客观世界的复杂性，在很多情况下，往往不能直接找出所需要的函数．但是，根据具体问题所提供的情况，可以建立起未知函数以及其导数或者微分学的关系式，这种关系式就是所谓的微分方程．列出微分方程后，用一定的方法找出满足方程的未知函数，这一过程就叫解微分方程．本章将介绍常微分方程的一些基本概念、几类简单而又实用的微分方程的解法及其在经济问题中的应用．

但是，在经济管理和许多实际问题中，数据大多数是按等时间间隔周期统计，因此，有关变量的取值是离散变化的．如何寻求它们之间的关系和变化规律呢？差分方程是研究这类离散型数学问题的有力工具．本章 9.5 将介绍差分方程的基本概念及一阶差分方程的求解方法．

9.1　微分方程的基本概念

9.1.1　引例

例 9.1.1　求过点（1，1）且在曲线上任一点的切线斜率为 $2x$ 的曲线方程．

解　设曲线方程为 $y = f(x)$，由导数的几何意义得

$$y' = \frac{\mathrm{d}y}{\mathrm{d}x} = 2x$$

此外，所求方程 $y = f(x)$ 还满足下列条件：

$$f(1) = 1$$

即 $x = 1$ 时，$y = 1$.

对 $y' = 2x$ 两边求积分得

$$y = \int 2x \mathrm{d}x = x^2 + C$$

其中 C 为任意常数．

又由 $f(1) = 1$，得 $C = 0$，因此所求曲线方程为 $y = x^2$.

例 9.1.2（商品价格调整模型）　设某商品在时刻 t 的售价为 P，需求函数和供给函数分别为

$$D(P) = a - bP \quad 与 \quad S(P) = -c + \mathrm{d}P$$

其中 a，b，c，d 均为正常数，那么在时刻 t 的售价 $P(t)$ 对于时间 t 的变化率与该商品在同一时刻的超额需求量 $D(P) - S(P)$ 成正比，则有

$$\frac{\mathrm{d}P}{\mathrm{d}t} = k[D(P) - S(P)] \quad (k > 0)$$

9.1.2 微分方程的概念

上述两个例子中的关系式都是含有未知函数导数的等式，这些就是微分方程．

定义 9.1.1 含有未知函数及未知函数的导数或微分与自变量之间的关系的方程叫做**微分方程**．未知函数为一元函数的，叫做**常微分方程**；未知函数是多元函数的，叫做**偏微分方程**．

微分方程中所含未知函数导数的最高阶数叫做**微分方程的阶**．

例如方程

$$\frac{\mathrm{d}y}{\mathrm{d}x}=3x^2 \text{ 和} \frac{\mathrm{d}P}{\mathrm{d}t}=k[D(P)-S(P)] \quad (k>0)$$

都是一阶微分方程．

方程

$$\frac{\mathrm{d}^2 s}{\mathrm{d}t^2}=g$$

是二阶微分方程．

一般地，n **阶微分方程**的一般形式为

$$F(x,y,y',y'',\cdots,y^{(n)})=0$$

其中 x 是自变量，y 是未知函数，y'，$\cdots$，$y^{(n)}$ 是未知函数的导数，在 n 阶微分方程中，$y^{(n)}$ 是必须出现的．

若把某个函数 $y=y(x)$ 代入到微分方程后，能使方程成为恒等式，则称该函数 $y=y(x)$ 是**微分方程的解**．如果微分方程的解中所含有的独立的任意常数的个数等于微分方程的阶数，则称该解为**微分方程的通解**．

确定了通解中任意常数的解，称为微分方程的特解，确定任意常数的条件叫做**初始条件**．

微分方程的解的图形是一条曲线，称为微分方程的**积分曲线**．通解的图形是一簇积分曲线，而特解的图形则是依据初始条件确定的积分曲线簇中的某一条曲线．如例 9.1.1 中，$y'=2x$ 的通解 $y=x^2+C$ 是一簇抛物线，满足初始条件 $f(1)=1$ 的特解是 $y=x^2$ 是通过点 $(1,1)$ 的一条抛物线，如图 9.1.1 所示．

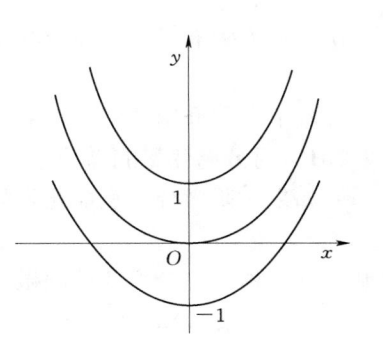

图 9.1.1

例 9.1.3 验证函数 $y=C_1\mathrm{e}^x+C_2\mathrm{e}^{-x}$ 是微分方程 $y''-y=0$ 的通解．

解 由 $y=C_1\mathrm{e}^x+C_2\mathrm{e}^{-x}$，得

$$y'=C_1\mathrm{e}^x-C_2\mathrm{e}^{-x}$$

再次求导，得

$$y''=C_1\mathrm{e}^x+C_2\mathrm{e}^{-x}$$

将 y 和 y'' 和代入微分方程，使方程两端恒等，因为已知微分方程是二阶微分方程，而函数 $y=C_1\mathrm{e}^x+C_2\mathrm{e}^{-x}$ 中含有两个相互独立的任意常数 C_1 和 C_2，所以 $y=C_1\mathrm{e}^x+C_2\mathrm{e}^{-x}$ 是微分方程 $y''-y=0$ 的通解．

习　题　9.1

1. 验证下列各题中的函数是所给微分方程的解，并指出解的类型.

（1）$xy'+3y=0$，$y=Cx^{-3}$

（2）$y'=\dfrac{y}{x}+ax$，$y=ax^2+bx$，其中 a，b 为常数

（3）$(xy-x)\,y''+x\,(y')^2+yy'-2y'=0$，$y=\ln(xy)$

（4）$y''-7y'+12y=0$，$y=C_1 e^{3x}+C_2 e^{4x}$

（5）$y''+3y'-10y=2x$，$y=C_1 e^{2x}+C_2 e^{-5x}-\dfrac{x}{5}-\dfrac{3}{50}$

2. 在曲线族 $y=(C_1+C_2 x)e^{2x}$ 中找出满足条件 $y\big|_{x=0}=1$，$y'\big|_{x=0}=1$ 的曲线.

3. 某企业的净资产 W 因资产本身的利息而以 8% 的年利率增长，同时企业还必须以每年 100 万元的数额连续地支付员工的工资. 试给出描述该企业净资产 W（万元）的微分方程.

9.2　一 阶 微 分 方 程

一阶微分方程的一般形式为
$$F(x,y,y')=0$$
如果上式中可以解出 y'，则方程可写成
$$y'=f(x,y)$$
一阶微分方程有时也可写成如下的对称形式：
$$P(x,y)\mathrm{d}x+Q(x,y)\mathrm{d}y=0$$
本节我们介绍几种主要的一阶微分方程及其解法.

9.2.1　可分离变量的微分方程

如果一阶微分方程能化为如下形式：
$$g(y)\mathrm{d}y=f(x)\mathrm{d}x$$
则原方程称为**可分离变量的微分方程**.

对方程 $g(y)\mathrm{d}y=f(x)\mathrm{d}x$ 两边分别求积分
$$\int g(y)\mathrm{d}y=\int f(x)\mathrm{d}x$$
即得原微分方程的通解
$$G(y)=F(x)+C$$
式中：C 为任意常数；$G(y)$ 和 $F(x)$ 分别是 $g(y)$ 和 $f(x)$ 的一个原函数.

由此看到，解这类方程的方法是，首先经过适当的恒等变形，将含不同变量的函数及其微分分别置于方程的两端，将方程化为 $g(y)\mathrm{d}y=f(x)\mathrm{d}x$ 的形式，即分离变量；然后方程两边对不同变量进行积分，即可得解.

例 9.2.1　求微分方程 $\dfrac{\mathrm{d}y}{\mathrm{d}x}=e^{y}\cos x$ 的通解.

解 分离变量，得
$$e^{-y}dy = \cos x dx$$

两边积分
$$\int e^{-y}dy = \int \cos x dx$$

得
$$-e^{-y} = \sin x - C$$

则所给微分方程的通解为 $\sin x + e^{-y} = C$.

例 9.2.2 求微分方程 $\dfrac{dy}{dx} = 2xy$ 满足初始条件 $y|_{x=0} = 1$ 的特解.

解 分离变量，得
$$\frac{dy}{y} = 2x dx$$

两边积分
$$\int \frac{dy}{y} = \int 2x dx$$

得
$$\ln|y| = x^2 + C_1$$

从而
$$y = \pm e^{x^2 + C_1} = \pm e^{C_1} e^{x^2} = C_2 e^{x^2} \quad (C_2 = \pm e^{C_1})$$

又 $y = 0$ 也是原方程的解，故得原方程通解为
$$y = Ce^{x^2}$$

把初始条件 $y|_{x=0} = 1$ 代入上式，得 $C = 1$.

故微分方程满足初始条件的特解为
$$y = e^{x^2}$$

9.2.2 齐次方程

形如
$$\frac{dy}{dx} = \varphi\left(\frac{y}{x}\right) \text{或} \frac{dx}{dy} = \psi\left(\frac{x}{y}\right)$$

的方程，称为**齐次微分方程**.

下面以 $\dfrac{dy}{dx} = \varphi\left(\dfrac{y}{x}\right)$ 为例，介绍齐次方程通解的求法：

先将所给方程化为 $\dfrac{dy}{dx} = \varphi\left(\dfrac{y}{x}\right)$，再做变量替换，令 $u = \dfrac{y}{x}$，则有
$$y = ux, \frac{dy}{dx} = u + x\frac{du}{dx}$$

代入原方程得
$$u + x\frac{du}{dx} = \varphi(u)$$

即
$$x\frac{du}{dx} = \varphi(u) - u$$

这是可分离变量的微分方程. 分离变量后两端同时积分得
$$\int \frac{du}{\varphi(u) - u} = \int \frac{dx}{x}$$

求出积分后，再用 $\dfrac{y}{x}$ 代替 u，便得所给齐次方程的通解.

例 9.2.3 求微分方程 $y' = \dfrac{y}{y-x}$ 的通解.

　　解　将方程化为 $\dfrac{\mathrm{d}y}{\mathrm{d}x} = \dfrac{\dfrac{y}{x}}{\dfrac{y}{x} - 1}$,

令 $u = \dfrac{y}{x}$, 则有

$$y = ux, \frac{\mathrm{d}y}{\mathrm{d}x} = u + x\frac{\mathrm{d}u}{\mathrm{d}x}$$

代入原方程, 得

$$u + x\frac{\mathrm{d}u}{\mathrm{d}x} = \frac{u}{u - 1}$$

即

$$x\frac{\mathrm{d}u}{\mathrm{d}x} = \frac{u(2 - u)}{u - 1}$$

分离变量, 得

$$\frac{u - 1}{u(2 - u)}\mathrm{d}u = \frac{1}{x}\mathrm{d}x$$

两边积分, 得

$$-\frac{1}{2}\ln(2 - u) - \frac{1}{2}\ln u = \ln x + \ln C_1$$

化简得

$$u(2 - u) = \frac{1}{Cx^2} \quad (C = C_1^2)$$

　　将 $u = \dfrac{y}{x}$ 代入, 便得原方程的通解为

$$2xy - y^2 = C$$

注意: 该题也可以将 x 看成是 y 的函数, 把原方程化为 $\dfrac{\mathrm{d}x}{\mathrm{d}y} = \varphi\left(\dfrac{x}{y}\right)$ 的形式, 然后求解.

9.2.3　一阶线性微分方程

　　方程

$$y' + P(x)y = Q(x)$$

称为**一阶线性微分方程**, 其中 $P(x)$、$Q(x)$ 是 x 的已知函数.

　　当 $Q(x) = 0$ 时, 则方程称为**一阶齐次线性微分方程**; 当 $Q(x) \neq 0$ 时, 则方程称为**一阶非齐次线性微分方程**.

　　下面我们研究一阶线性微分方程的解法:

　　(1) 先解一阶齐次线性微分方程 $y' + P(x)y = 0$.

这是一个可分离变量的微分方程, 所以分离变量, 得

$$\frac{1}{y}\mathrm{d}y = -P(x)\mathrm{d}x$$

两边积分

$$\int \frac{1}{y}\mathrm{d}y = -\int P(x)\mathrm{d}x$$

得

$$\ln|y| = -\int P(x)\mathrm{d}x + \ln C_1$$

因此, 一阶齐次线性方程的通解为

$$y = C\mathrm{e}^{-\int P(x)\mathrm{d}x} \quad (C = \pm C_1)$$

　　(2) 利用常数变易法求解一阶非齐次线性微分方程.

把一阶齐次线性微分方程 $y'+P(x)y=0$ 的通解 $y=Ce^{-\int P(x)dx}$ 式中的任意常数 C 换成 x 的未知函数 $C(x)$，即作变换

$$y=C(x)e^{-\int P(x)dx}$$

设上式为一阶非齐次线性微分方程的通解．则有

$$y'=C'(x)e^{-\int P(x)dx}-C(x)P(x)e^{-\int P(x)dx}$$

将上式代入方程 $y'+P(x)y=Q(x)$，有

$$C'(x)e^{-\int P(x)dx}-P(x)C(x)e^{-\int P(x)dx}+P(x)C(x)e^{-\int P(x)dx}=Q(x)$$

即

$$C'(x)=Q(x)e^{\int P(x)dx}$$

两端积分，得

$$C(x)=\int Q(x)e^{\int P(x)dx}dx+C$$

因此，一阶非齐次线性微分方程 $y'+P(x)y=Q(x)$ 的通解为

$$y=e^{-\int P(x)dx}\left[\int Q(x)e^{\int P(x)dx}dx+C\right]$$

此式可以作为一阶非齐次微分方程的通解，还可以写成两项之和

$$y=Ce^{-\int P(x)dx}+e^{-\int P(x)dx}\int Q(x)e^{\int P(x)dx}dx$$

该式表明，一阶非齐次线性微分方程的通解等于对应的齐次线性微分方程的通解与非齐次方程的一个特解之和．这个结论对于高阶非齐次线性方程也成立．

例 9.2.4　求微分方程 $xy'+y-\sin x=0$ 的通解．

解　方法一：将原方程改写为

$$y'+\frac{1}{x}y=\frac{\sin x}{x}$$

这是一阶线性非齐次方程，$P(x)=\frac{1}{x}$，$Q(x)=\frac{\sin x}{x}$．代入非齐次方程通解公式得

$$y=e^{-\int\frac{1}{x}dx}\left[\int\frac{\sin x}{x}e^{\int\frac{1}{x}dx}dx+C\right]$$

$$=\frac{1}{x}\left[\int\sin xdx+C\right]=\frac{1}{x}(-\cos x+C)$$

$$=-\frac{\cos x}{x}+\frac{C}{x}$$

方法二：将原方程改写为

$$xy'+y=\sin x$$

该方程左边可以看成 (xy) 的导数，即 $(xy')=xy'+y$；而右边可以看成是 $(-\cos x+C)$ 的导数，所以

$$xy=-\cos x+C$$

即

$$y=-\frac{\cos x}{x}+\frac{C}{x}$$

方法二称为**全微分法**，一些特殊的一阶线性微分方程经过适当变形就可以用全微分法

求解.

例 9.2.5 求方程 $ydx-(x+y^2)dy=0$ 的通解.

解 若将方程改写为

$$\frac{dy}{dx}=\frac{y}{x+y^2}$$

此方程不是线性方程,若将方程变形为

$$\frac{dx}{dy}=\frac{x+y^2}{y}$$

即

$$\frac{dx}{dy}-\frac{x}{y}=y$$

把 x 看作 y 的函数,就是一阶线性微分方程,其中 $P(y)=-\dfrac{1}{y}$,$Q(y)=y$,代入非齐次方程通解公式得

$$x=e^{\int\frac{1}{y}dy}\left[\int ye^{-\int\frac{1}{y}dy}dy+C\right]=y(y+C)$$

例 9.2.6(商品价格调整模型) 设某商品在时刻 t 的售价为 $P(t)$,需求函数和供给函数分别为

$$D(P)=a-bP \quad 与 \quad S(P)=-c+dP$$

其中 a,b,c,d 均为正常数. 若初始条件为 $P(0)=P_0$,且在任一时刻 t 的售价 $P(t)$ 对于时间 t 的变化率与该商品在同一时刻的超额需求量 $D(P)-S(P)$ 成正比(比例常数为 $k>0$).

(1)求供需平衡时的价格 P_e(即均衡价格).

(2)求价格函数 $P=P(t)$ 的表达式.

解 (1)由 $D(P)=S(P)$ 得,$P_e=\dfrac{a+c}{b+d}$

(2)由题意可知

$$\frac{dP}{dt}=k[D(P)-S(P)] \quad (k>0)$$

将 $D(P)=a-bP$ 与 $S(P)=-c+dP$ 代入,得

$$\frac{dP}{dt}+k(b+d)P=k(a+c)$$

这是一阶非齐次线性微分方程,求得通解

$$P(t)=Ce^{-k(b+d)t}+\frac{a+c}{b+d}$$

由 $P(0)=P_0$,$P_e=\dfrac{a+c}{b+d}$,得特解

$$P(t)=(P_0-P_e)e^{-k(b+d)t}+P_e$$

习　题　9.2

1. 求下列微分方程的通解.

(1) $3x^2+5x-5y'=0$

(2) $y\mathrm{d}x+(x^2-4x)\mathrm{d}y=0$

(3) $y'=10^{x+y}$

(4) $(x-y)y\mathrm{d}x-x^2\mathrm{d}y=0$

(5) $y'+\dfrac{y}{x}=y\sin x$

(6) $(xy^2+x)\mathrm{d}x+(y-x^2y)\mathrm{d}y=0$

2. 求下列微分方程的特解.

(1) $x\mathrm{d}y+2y\mathrm{d}x=0$，$y|_{x=2}=1$

(2) $y'\sin x=y\ln y$，$y|_{x=\frac{\pi}{2}}=\mathrm{e}$

(3) $xy\dfrac{\mathrm{d}y}{\mathrm{d}x}=x^2+y^2$，$y|_{x=\mathrm{e}}=2\mathrm{e}$

(4) $y'=\mathrm{e}^{2x-y}$，$y|_{x=0}=0$

3. 求下列微分方程的通解.

(1) $\dfrac{\mathrm{d}y}{\mathrm{d}x}+y=\mathrm{e}^{-x}$

(2) $y'+y\cos x=\mathrm{e}^{-\sin x}$

(3) $xy'+y=x^2+3x+2$

(4) $y'+y\tan x=\sin 2x$

(5) $y'+2xy=4x$

(6) $y\ln y\mathrm{d}x+(x-\ln y)\mathrm{d}y=0$

(7) $(x-2)\dfrac{\mathrm{d}y}{\mathrm{d}x}=y+2(x-2)^3$

(8) $(y^2-6x)y'+2y=0$

4. 设 $f(x)$ 为连续函数，且由方程 $\displaystyle\int_0^x tf(t)\mathrm{d}t=x^2+f(x)$ 所确定，求 $f(x)$.

5. 某公司办公用品的月均成本 C 与公司职员人数 x 的关系为

$$C'=C^2\mathrm{e}^{-x}-2C$$

且 $C(0)=1$，求 $C(x)$.

9.3 可降阶的二阶微分方程

二阶微分方程的一般形式为

$$F(x,y,y',y'')=0$$

对一般的二阶微分方程没有普遍的解法. 对于某些特殊二阶微分方程，我们可以通过适当的变量代换，把它们化成一阶微分方程来求解，具有这种性质的方程称为**可降阶的二阶微分方程**. 本节介绍三种可降阶的微分方程及其解法.

9.3.1 $y''=f(x)$ 型的微分方程

微分方程

$$y''=f(x)$$

的右端仅含自变量 x，它就可看作新未知函数 y' 的一阶微分方程，在方程两端积分，得

$$y'=\int f(x)\mathrm{d}x+C_1$$

对上式两端再积分一次，得方程的通解

$$y=\int\left[\int f(x)\mathrm{d}x\right]\mathrm{d}x+C_1 x+C_2$$

其中 C_1、C_2 为任意常数.

这类微分方程的解法，可推广到 n 阶微分方程

$$y^{(n)} = f(x)$$

只要连续积分 n 次，就可得到这个方程的含有 n 个任意常数的通解.

例 9.3.1　求微分方程 $y'' = e^{-2x} + \cos x$ 的通解.

解　对原方程两端连续进行两次积分，得

$$y' = -\frac{1}{2}e^{-2x} - \sin x + C_1$$

$$y = \frac{1}{4}e^{-2x} - \cos x + C_1 x + C_2$$

这就是所求方程的通解.

9.3.2　$y'' = f(x, y')$ 型的微分方程

方程

$$y'' = f(x, y')$$

的右端不显含未知函数 y，如果我们设 $y' = p(x)$，则 $y'' = p'(x)$，从而原方程就化为以 $p(x)$ 为未知函数的一阶微分方程

$$p' = f(x, p)$$

若求得它的通解为

$$p = \varphi(x, C_1)$$

又因 $p = \dfrac{\mathrm{d}y}{\mathrm{d}x}$，因此又得到一个一阶微分方程

$$\frac{\mathrm{d}y}{\mathrm{d}x} = \varphi(x, C_1)$$

对上式进行积分，便得到原方程的通解为

$$y = \int \varphi(x, C_1)\mathrm{d}x + C_2$$

例 9.3.2　求微分方程 $(1+x^2)y'' = 2xy'$ 满足初始条件 $y|_{x=0} = 1$，$y'|_{x=0} = 2$ 的特解.

解　所给微分方程是 $y'' = f(x, y')$ 型. 设 $y' = p$，代入方程并分离变量后，得

$$\frac{\mathrm{d}p}{p} = \frac{2x}{1+x^2}\mathrm{d}x$$

两端积分，得

$$\ln|p| = \ln(1+x^2) + \ln C$$

即

$$y' = p = C_1(1+x^2) \quad (C_1 = \pm e^C)$$

由条件 $y'|_{x=0} = 2$，得

$$C_1 = 2$$

故

$$y' = 2(1+x^2)$$

两端积分，得

$$y = \frac{2}{3}x^3 + 2x + C_2$$

又由条件 $y|_{x=0} = 1$，得

$$C_2 = 1$$

于是所求特解为
$$y = \frac{2}{3}x^3 + 2x + 1$$

9.3.3 $y'' = f(y, y')$ 型的微分方程

方程
$$y'' = f(y, y')$$

不含自变量 x. 为了求其解，我们暂时把 y 看作自变量，y' 看作 y 的函数，令 $y' = p(y)$，利用复合函数的求导法则，把 y'' 化为对 y 的导数，即
$$y'' = \frac{dp}{dx} = \frac{dp}{dy} \cdot \frac{dy}{dx} = p \cdot \frac{dp}{dy}$$

故原方程可化为
$$p \frac{dp}{dy} = f(y, p)$$

这是一个关于 y、p 的一阶微分方程. 若求出它的通解为
$$y' = p = \varphi(y, C_1)$$

则对上式分离变量并两端积分，得原方程的通解为
$$\int \frac{dy}{\varphi(y, C_1)} = x + C_2$$

例 9.3.3 求方程 $yy'' - y'^2 = 0$ 得通解.

解 所给方程不显含自变量 x，设 $y' = p(y)$，于是 $y'' = p\dfrac{dp}{dy}$，代入所给方程，得
$$yp \frac{dp}{dy} - p^2 = 0$$

若 $y \neq 0$，$p \neq 0$ 时，约去 p 并分离变量，得
$$\frac{dp}{p} = \frac{dy}{y}$$

两端积分，得
$$\ln|p| = \ln|y| + \ln C_1'$$
即
$$y' = p = C_1 y \quad (C_1 = \pm C_1')$$
这是齐次线性方程，解得原方程的通解为
$$y = C_2 e^{C_1 x}$$
而 $y = 0$，$p = 0$ 也是方程的解，则原方程的通解为 $y = c_2 e^{c_1 x}$（c_1、c_2 为任意常数）.

习 题 9.3

1. 求下列方程的通解.

(1) $y'' - x - e^x = 0$

(2) $xy'' + y' = 0$

(3) $y''' = y''$

(4) $y'' = x + \sin x$

(5) $y'' = y' + x$

(6) $y'' - (y')^2 = 1$

2. 求下列方程的特解.

(1) $y^3 y'' + 1 = 0$，$y|_{x=1} = 1$，$y'|_{x=1} = 0$

(2) $y'' - a(y')^2 = 0$，$y|_{x=0} = 0$，$y'|_{x=0} = -1$

（3）$y''=e^{2y}$，$y|_{x=0}=0$，$y'|_{x=0}=0$

9.4　二阶常系数线性微分方程

二阶或二阶以上的微分方程称为**高阶微分方程**，在实际中高阶微分方程有着广泛的应用。这里主要介绍二阶常系数线性微分方程的解法．

形如

$$y''+py'+qy=f(x) \tag{9.4.1}$$

的方程叫做二阶常系数非齐次线性微分方程，其中 p、q 为实常数，$f(x)$ 为 x 的已知函数．

若方程右端 $f(x)=0$ 时，方程

$$y''+py'+qy=0 \tag{9.4.2}$$

叫做**二阶常系数齐次线性微分方程**．其中 p、q 为常数．

为了寻找解二阶线性微分方程的方法，下面来讨论二阶线性微分方程解的结构．

9.4.1　二阶常系数线性微分方程解的结构

定理 9.4.1　如果函数 $y_1(x)$ 与 $y_2(x)$ 是方程（9.4.2）的两个解，那么

$$y=C_1y_1(x)+C_2y_2(x)$$

也是方程（9.4.2）的解，其中 C_1、C_2 是任意常数．

$C_1y_1(x)+C_2y_2(x)$ 是方程（9.4.2）的解，并且形式上也含有两个任意的常数 C_1 和 C_2，但它不一定是方程（9.4.2）的通解．例如，设 $y_2(x)=ky_1(x)$（k 为常数），代入 $y=C_1y_1(x)+C_2y_2(x)$ 得

$$y=C_1y_1(x)+C_2y_2(x)=(C_1+kC_2)y_1(x)=Cy_1(x)（其中 C=C_1+kC_2）$$

这显然不是齐次方程（9.4.2）的通解．那么，在什么样的情况下 $y=C_1y_1(x)+C_2y_2(x)$ 才是方程（9.4.2）的通解呢？显然在 $y_1(x)$、$y_2(x)$ 是方程（9.4.2）非零解前提下，若 $y_2(x)$ 不能用 $y_1(x)$ 线性表示，即 $\dfrac{y_2(x)}{y_1(x)}$ 不为常数，那么 $y=C_1y_1(x)+C_2y_2(x)$ 一定是方程（9.4.2）的通解．若 $y_2(x)$ 能用 $y_1(x)$ 线性表示，即 $\dfrac{y_2(x)}{y_1(x)}$ 为常数，则 $y=C_1y_1(x)+C_2y_2(x)$ 不是方程（9.4.2）的通解．于是有如下定理：

定理 9.4.2　如果函数 $y_1(x)$ 和 $y_2(x)$ 是方程（9.4.2）的两个特解，且 $\dfrac{y_2(x)}{y_1(x)}$ 不为常数，则 $y=C_1y_1(x)+C_2y_2(x)$（其中 C_1、C_2 是任意常数）是方程（9.4.2）的通解．

例如，方程 $y''-4y=0$ 是二阶常系数齐次线性微分方程，不难验证 $y_1=e^{2x}$ 与 $y_2=e^{-2x}$ 是所给方程的两个特解，且 $\dfrac{y_2}{y_1}=\dfrac{e^{2x}}{e^{-2x}}=e^{4x}\neq$ 常数．所以 $y=C_1e^{2x}+C_2e^{-2x}$ 是该方程的通解．

下面我们来讨论二阶常系数非齐次线性微分方程（9.4.1）的解的结构．

在一阶线性微分方程的讨论中，我们已经看到，一阶非齐次线性微分方程的通解可以写成其对应的齐次线性微分方程的通解和它本身的一个特解之和．实际上，不仅一阶非齐

次线性微分方程的通解具有这样的结构，高阶的非齐次线性微分方程的通解也具有同样的结构．

定理 9.4.3 设 y^* 是二阶常系数非齐次线性微分方程（9.4.1）的特解，而 $\overline{y}(x)$ 是与方程（9.4.1）对应的齐次方程（9.4.2）的通解，那么

$$y = \overline{y}(x) + y^*$$

是二阶常系数非齐次线性微分方程（9.4.1）的通解．

证明 把 $y = \overline{y}(x) + y^*$ 代入方程（9.4.1）的左端，得

$$(\overline{y}'' + y^{*''}) + p(\overline{y}' + y^{*'}) + q(\overline{y} + y^*)$$
$$= (\overline{y}'' + p\overline{y}' + q\overline{y}) + (y^{*''} + py^{*'} + qy^*)$$
$$= 0 + f(x) = f(x)$$

由于对应的齐次方程（9.4.2）的通解 $\overline{y} = C_1 y_1(x) + C_2 y_2(x)$ 中含有两个独立任意常数，所以 $y = \overline{y}(x) + y^*$ 中也含有两个独立任意常数，从而它就是二阶常系数非齐次线性微分方程（9.4.1）的通解．

9.4.2 二阶常系数齐次线性微分方程的解法

由定理 9.4.2 可知，求二阶常系数齐次线性微分方程（9.4.2）的通解，归结为如何求它的两个比值不为常数的解．由于方程（9.4.2）的左端是关于 y''、y'、y 的线性关系式，且系数都为常数，而当 r 为常数时，指数函数 e^{rx} 和它的各阶导数都只差一个常数因子，因此我们用 $y = e^{rx}$ 来尝试，看能否取到适当的常数 r，使 $y = e^{rx}$ 满足方程（9.4.2）．

对 $y = e^{rx}$ 求导，得

$$y' = re^{rx}, \quad y'' = r^2 e^{rx}$$

把 y、y' 和 y'' 代入方程（9.4.2），得

$$(r^2 + pr + q)e^{rx} = 0$$

由于 $e^{rx} \neq 0$，所以

$$r^2 + pr + q = 0$$

由此可见，只要 r 是代数方程 $r^2 + pr + q = 0$ 的根，函数 $y = e^{rx}$ 就是微分方程（9.4.2）的解，此代数方程称为齐次微分方程的**特征方程**．满足特征方程的根称为**特征根**．

特征方程是一个一元二次代数方程，其中 r^2、r 的系数及常数项恰好依次是微分方程（9.4.2）中 y''、y' 和 y 的系数．

特征方程的两个根 r_1、r_2 可用公式

$$r_{1,2} = \frac{-p \pm \sqrt{p^2 - 4p}}{2}$$

求出，它们有三种不同情形，分别对应着微分方程（9.4.2）通解的三种不同情形，分别叙述如下：

（1）若 $p^2 - 4q > 0$，则特征方程（9.4.2）有两个不相等实根 $r_1 \neq r_2$，这时 $y_1 = e^{r_1 x}$，$y_2 = e^{r_2 x}$ 是微分方程（9.4.2）的两个特解，且 $\dfrac{y_2}{y_1} = \dfrac{e^{r_2 x}}{e^{r_1 x}} = e^{(r_2 - r_1)x}$ 不是常数．因此，微分方程（9.4.2）的通解为

$$y = C_1 e^{r_1 x} + C_2 e^{r_2 x}$$

其中 C_1、C_2 是两个独立的任意常数.

（2）若 $p^2 - 4q = 0$，则特征方程（9.4.2）有两个相等实根 r_1、r_2，且

$$r_1 = r_2 = -\frac{p}{2}$$

此时，只得到微分方程（9.4.2）的一个解

$$y_1 = e^{r_1 x}$$

为了得到微分方程（9.4.2）的通解，还需求出另一个解 y_2，且要求 $\frac{y_2}{y_1}$ 不是常数.

设 $\frac{y_2}{y_1} = u(x)$，$u(x)$ 是 x 的待定函数，于是

$$y_2 = u(x) y_1 = e^{r_1 x} u(x)$$

下面来确定 $u(x)$. 将 y_2 求导，得

$$y_2' = e^{r_1 x}(u' + r_1 u)$$

$$y_2'' = e^{r_1 x}(u'' + 2r_1 u' + r_1^2 u)$$

将 y_2、y_2'、y_2'' 代入微分方程（9.4.2），得

$$e^{r_1 x}[(u'' + 2r_1 u' + r_1^2 u) + p(u' + r_1 u) + qu] = 0$$

约去 $e^{r_1 x}$，并以 u''、u'、u 为准合并同类项，得

$$u'' + (2r_1 + p)u' + (r_1^2 + pr_1 + q)u = 0$$

由于 r_1 是特征方程的二重根，因此 $r_1^2 + pr_1 + q = 0$，且 $2r_1 + p = 0$，于是得 $u'' = 0$.

这说明所设特解 y_2 中的函数 $u(x)$ 不能为常数且要满足 $u''(x) = 0$. 显然 $u = x$ 是可取函数中最简单的一个，由此得微分方程（9.4.2）的另一个解

$$y_2 = x e^{r_1 x}$$

从而微分方程（9.4.2）的通解为

$$y = (C_1 + C_2 x) e^{r_1 x}$$

其中 C_1、C_2 是两个独立的任意常数.

（3）若 $p^2 - 4p < 0$，则特征方程有一对共轭复根

$$r_1 = \alpha + \beta i, \quad r_2 = \alpha - \beta i$$

其中 $\alpha = -\frac{p}{2}$，$\beta = \frac{\sqrt{4q - p^2}}{2}$.

可以验证 $y_1 = e^{\alpha x} \cos \beta x$ 与 $y_2 = e^{\alpha x} \sin \beta x$ 是齐次方程（9.4.2）的两个解，且

$$\frac{y_1}{y_2} = \frac{e^{\alpha x} \cos \beta x}{e^{\alpha x} \sin \beta x} = \cot \beta x \neq 常数$$

故微分方程（9.4.2）的通解为

$$y = e^{\alpha x}(C_1 \cos \beta x + C_2 \sin \beta x)$$

其中 C_1、C_2 是两个独立的任意常数.

综上所述，求二阶常系数齐次线性微分方程

$$y'' + py' + qy = 0$$

通解的步骤如下：

第一步 写出微分方程（9.4.2）的特征方程

$$r^2 + pr + q = 0$$

第二步 求特征方程的两个根 r_1 和 r_2.

第三部 根据特征方程两个根的不同情形，按照表 9.4.1 写出微分方程（9.4.2）的通解.

表 9.4.1

特征方程 $r^2 + pr + q = 0$ 的两个根 r_1 和 r_2	微分方程 $y'' + py' + qy = 0$ 的通解
两个不相等的实根 r_1、r_2	$y = C_1 e^{r_1 x} + C_2 e^{r_2 x}$
两个相等的实根 $r_1 = r_2$	$y = (C_1 + C_2 x) e^{r_1 x}$
一对共轭的复根 $r_{1,2} = \alpha \pm \beta i$	$y = e^{\alpha x}(C_1 \cos \beta x + C_2 \sin \beta x)$

例 9.4.1 求微分方程 $y'' - 3y' + 2y = 0$ 的通解.

解 特征方程为

$$r^2 - 3r + 2 = 0$$

其根为 $r_1 = 1$，$r_2 = 2$，是两个不相等的实根. 因此原方程通解为

$$y = C_1 e^x + C_2 e^{2x}$$

例 9.4.2 求方程 $y'' - 4y' + 4y = 0$ 的通解.

解 特征方程为

$$r^2 - 4r + 4 = 0$$

其根 $r_1 = r_2 = 2$ 是两个相等的实根，因此所求微分方程的通解为

$$y = (C_1 + C_2 x) e^{2x}$$

例 9.4.3 求微分方程 $y'' + 4y' + 5y = 0$ 的通解.

解 特征方程为

$$r^2 + 4r + 5 = 0$$

有一对共轭复根 $r_{1,2} = -2 \pm i$. 因此所求微分方程的通解为

$$y = e^{-2x}(C_1 \cos x + C_2 \sin x)$$

9.4.3 二阶常系数非齐次线性微分方程的解法

由定理 9.4.3 知，求二阶常系数非齐次线性微分方程

$$y'' + py' + qy = f(x)$$

通解的步骤如下：

（1）求出对应的齐次方程 $y'' + py' + qy = 0$ 的通解 $\overline{y}(x)$.

（2）求出非齐次方程 $y'' + py' + qy = f(x)$ 的一个特解 y^*.

（3）所求方程的通解为

$$y = \overline{y}(x) + y^*$$

而齐次方程（9.4.2）通解的求法已在前面给出，故关键是如何求非齐次方程（9.4.1）的一个特解 y^*. 对此我们不作一般讨论，仅对一种常见类型的 $f(x)$ 进行介绍，并省略相关证明. 下面给出用待定系数法求特解的方法.

若 $f(x) = P_m(x) e^{\lambda x}$，其中 $P_m(x)$ 是 x 的 m 次多项式，λ 为常数（显然，若 $\lambda = 0$，则

$f(x)=P_m(x)$），则二阶常系数非齐次线性微分方程（9.4.1）的一个特解具有如下形式：

$$y^* = x^k Q_m(x) e^{\lambda x}$$

其中 $Q_m(x)$ 是与 $P_m(x)$ 同次的多项式，而 k 的取值根据以下情况确定：

（1）若 λ 不是特征方程的根，则 $k=0$．

（2）若 λ 是特征方程的单根，则 $k=1$．

（3）若 λ 是特征方程的重根，则 $k=2$．

例 9.4.4　求微分方程 $y''-2y'-3y=2x+1$ 的一个特解．

解　方程右端函数 $f(x)=P_m(x)e^{\lambda x}$，其中 $P_m(x)=2x+1$，$\lambda=0$．而该微分方程对应齐次方程为

$$y''-2y'-3y=0$$

它的特征方程为

$$r^2-2r-3=0$$

其两个实根分别为 $r_1=3$，$r_2=-1$．由于 $\lambda=0$ 不是特征方程的根，所以应设原方程的一个特解为

$$y^* = b_0 x + b_1$$

代入原方程，得

$$-3b_0 x-(2b_0+3b_1)=2x+1$$

比较上式两端 x 同次幂的系数，得

$$\begin{cases} -3b_0=2 \\ -2b_0-3b_1=1 \end{cases}$$

解得 $b_0=-\dfrac{2}{3}$，$b_1=\dfrac{1}{9}$，于是原方程的一个特解为

$$y^* = -\frac{2}{3}x+\frac{1}{9}$$

例 9.4.5　求微分方程 $y''-3y'+2y=xe^x$ 的通解．

解　所给方程是二阶常系数非齐次线性微分方程，且函数 $f(x)$ 是 $P_m(x)e^{\lambda x}$ 型，其中 $P_m(x)=x$，$\lambda=1$．由例 9.4.1 可知对应齐次方程的通解为 $\bar{y}=C_1 e^x+C_2 e^{2x}$．

由于 $\lambda=1$ 是特征方程的单根，所以应设原方程的一个特解为

$$y^* = x(b_0 x + b_1)e^x$$

代入原方程，得

$$-2b_0 x+2b_0-b_1=x$$

比较上式两端 x 同次幂的系数，得

$$\begin{cases} -2b_0=1 \\ 2b_0-b_1=0 \end{cases}$$

解得 $b_0=-\dfrac{1}{2}$，$b_1=-1$，因此原方程的一个特解为

$$y^* = x\left(-\frac{1}{2}x-1\right)e^x$$

故原方程的通解为

$$y = \overline{y} + y^* = C_1 e^x + C_2 e^{2x} - \left(\frac{x^2}{2} + x\right) e^x$$

例 9.4.6 求微分方程 $y'' - 2y' + y = e^x$ 满足初始条件 $y|_{x=0} = 1$，$y'|_{x=0} = 0$ 的特解.

解 先求出所给微分方程的通解，再由初始条件定出通解中的两个任意常数，从而求出满足初始条件的特解.

所给方程是二阶常系数非齐次线性微分方程，且函数 $f(x)$ 是 $P_m(x) e^{\lambda x}$ 型，其中 $P_m(x) = 1$，$\lambda = 1$.

对应齐次方程为

$$y'' - 2y' + y = 0$$

其特征方程为

$$r^2 - 2r + 1 = 0$$

它有两个相等的实根 $r_1 = r_2 = 1$，于是对应齐次方程的通解为

$$\overline{y} = (C_1 + C_2 x) e^x$$

由于 $\lambda = 1$ 是特征方程的重根，所以应设原方程的一个特解为

$$y^* = a x^2 e^x$$

代入原方程，得

$$2a e^x = e^x$$

故

$$a = \frac{1}{2}$$

于是

$$y^* = \frac{1}{2} x^2 e^x$$

从而原方程的通解为

$$y = \overline{y} + y^* = (C_1 + C_2 x) e^x + \frac{1}{2} x^2 e^x$$

$$= \left(C_1 + C_2 x + \frac{1}{2} x^2\right) e^x$$

求其导数，得

$$y' = \left(C_1 + C_2 + x + C_2 x + \frac{1}{2} x^2\right) e^x$$

由 $y|_{x=0} = 1$，得 $C_1 = 1$.

由得 $y'|_{x=0} = 0$ 得 $C_1 + C_2 = 0$，即 $C_2 = -1$.

于是满足所给初始条件的特解为

$$y = \left(1 - x + \frac{1}{2} x^2\right) e^x$$

习　　题　　**9.4**

1. 求下列微分方程的通解.

(1) $y'' - 5y' + 6y = 0$

(2) $4y'' - 20y' + 25y = 0$

(3) $y'' + 2y' + 5y = 0$

(4) $2y'' + y' - y = 2e^x$

(5) $y'' + 9y' = x - 4$

(6) $y'' - 6y' + 9y = e^{3x}(x + 1)$

2. 求下列微分方程满足所给初始条件的特解.

(1) $y'' - 4y' + 3y = 0$, $y|_{x=0} = 6$, $y'|_{x=0} = 10$

(2) $y'' - 2y' + y = 0$, $y|_{x=0} = 2$, $y'|_{x=0} = 0$

(3) $y'' - 8y' + 25y = 0$, $y|_{x=0} = 0$, $y'|_{x=0} = 4$

(4) $y'' - y = 4x e^x$, $y|_{x=0} = 0$, $y'|_{x=0} = 1$

(5) $y'' - 3y' + 2y = 5$, $y|_{x=0} = 1$, $y'|_{x=0} = 2$

3. 设方程为 $y'' - y' - 2y = 3e^{-x}$, 求在原点处与直线 $y = x$ 相切的那一条积分曲线.

9.5 差 分 方 程

微分方程所研究的变量属于连续变化的类型, 而在经济管理问题中, 经济变量的数据大多是以等间隔时间周期进行统计的. 例如, 国内生产总值 (GDP)、消费水平、投资水平等按年、季统计, 产品的产量、成本、收益、利润等按月、周统计. 由于这个原因, 在研究分析实际经济管理问题时, 各有关经济变量的取值是随时间离散变化的, 因此描述各经济变量之间变化规律的数学模型是离散型数学模式. 差分方程就是经济学和管理科学中最常见的一种离散型数学模型. 求解这类模型可以得到各离散型变量之间的运行规律.

9.5.1 差分与差分方程的概念

定义 9.5.1 对任何数列 $\{a_t\}$:

$$a_0, a_1, a_2, \cdots a_t, \cdots$$

可构造一个新的数列

$$\Delta a_t = a_{t+1} - a_t \quad (t = 0, 1, 2, \cdots)$$

则称数列 $\{\Delta a_t\}$ 为原数列 $\{a_t\}$ 的一阶差分.

差分具有以下明显性质 (请读者自己验证):

(1) $\Delta C = 0$, C 为常数

(2) $\Delta (C a_t) = C \Delta a_t$, C 为常数

(3) $\Delta (a_t + b_t) = \Delta a_t + \Delta b_t$

(4) $\Delta a_t = C$ (C 为与 t 无关的常数) 的充分必要条件为 a_t 是关于 t 的线性函数 (即存在 b 使 $a_t = Ct + b$).

一阶差分 Δa_t 的差分 $\Delta(\Delta a_t)$ 称为数列 $\{a_t\}$ 的二阶差分, 记为 $\Delta^2 a_t$, 即

$$\Delta^2 a_t = \Delta(\Delta a_t) = \Delta(a_{t+1} - a_t) = \Delta a_{t+1} - \Delta a_t = (a_{t+2} - a_{t+1}) - (a_{t+1} - a_t) = a_{t+2} - 2a_{t+1} + a_t$$

类似地, $m-1$ 阶差分 $\Delta^{m-1} a_t$ 的差分 $\Delta(\Delta^{m-1} a_t)$ 称为数列 $\{a_t\}$ 的 m 阶差分, 记为 $\Delta^m a_t$.

二阶及二阶以上的差分统称为高阶差分.

数列 $\{a_t\}$ 的各阶差分, 可用差分表简明地表示出来.

例 9.5.1 设 $a_t = t^2$, 求 Δa_t, $\Delta^2 a_t$, $\Delta^3 a_t$.

解
$$\Delta a_t = a_{t+1} - a_t = (t+1)^2 - t^2 = 2t + 1$$
$$\Delta^2 a_t = \Delta(\Delta a_t) = \Delta(2t + 1)$$
$$= [2(t+1) + 1] - (2t + 1) = 2$$

$$\Delta^3 a_t = \Delta(\Delta^2 a_t) = \Delta(2) = 0$$

例 9.5.2 设 $a_t = 4^t$，求 $\Delta^m a_t$.

$$\Delta a_t = a_{t+1} - a_t = 4^{t+1} - 4^t = 3 \cdot 4^t = 3a_t$$

解
$$\Delta^2 a_t = \Delta(\Delta a_t) = \Delta(3a_t) = 3\Delta a_t = 3^2 a_t$$

$$\cdots$$

$$\Delta^m a_t = 3^m a_t$$

定义 9.5.2 含有自变量、未知函数及其差分的方程称为**差分方程**. 如果方程中差分的最高阶数为 n（或未知函数下标的最大值与最小值之差为 n），则称为 n **阶差分方程**. 其一般形式为

$$F(t, y_t, y_{t+1}, \cdots, y_{t+n}) = 0 \quad \text{或} \quad H(t, y_t, \Delta y_t, \cdots, \Delta^n y_t) = 0$$

例如，$\Delta y_t = r y_t$ 是一阶差分方程，而 $y_{t+2} - 2y_{t+1} - y_t = 3^t$ 二阶差分方程.

若一个函数代入差分方程后能使方程成为恒等式，则称此函数为该**差分方程的解**. 如果差分方程的解中含有相互独立的任意常数个数与差分方程的阶数相同，则称该解为差分方程的**通解**. 确定了任意常数的解称为**特解**，而用来确定任意常数的条件称为**初始条件**.

例如，容易验证 $y_t = (1+r)^t C$（C 为任意常数）是一阶差分方程 $\Delta y_t = r y_t$ 的通解，而 $y_t = p_0(1+r)^t$ 是满足初始条件 $y_0 = p_0$ 的特解.

9.5.2 一阶常系数线性差分方程

形如

$$y_{t+1} - a y_t = f(t) \quad (a \neq 0 \text{ 常数})$$

的方程称为**一阶常系数线性差分方程**，其中 $f(t)$ 为已知函数，y_t 为未知函数. 当 $f(t) \neq 0$ 时，称为**一阶常系数非齐次线性差分方程**.

若 $f(t) \equiv 0$，即

$$y_{t+1} - a y_t = 0$$

称为**一阶常系数齐次线性差分方程**.

1. 齐次方程 $y_{t+1} - a y_t = 0$ 的解法

由例 9.5.2 可知，指数函数的各阶差分仍为指数函数，故猜想指数函数 $y_t = r^t$（r 为待定参数）为解作试探，代入齐次方程 $y_{t+1} - a y_t = 0$ 得

$$r^t(r - a) = 0$$

因为 $r^t \neq 0$，故

$$r - a = 0$$

它称为齐次方程的**特征方程**. 解得 $r = a$，即 $y_t = a^t$ 为齐次方程的一个特解，显然齐次方程的通解为

$$y_t = C a^t \quad (C \text{ 为任意常数})$$

若 y_0 已知，则 $t = 0$ 时，得 $y_0 = C$. 故齐次方程（6.27）满足初始条件的特解为

$$y_t = y_0 a^t$$

2. 非齐次方程 $y_{t+1} - a y_t = f(t)$ 的解法

类似如二阶常系数非齐次线性微分方程解的结构，可以得到一阶常系数非齐次线性差分方程 $y_{t+1} - a y_t = f(t)$ 的解的结构，设 y_t^* 是非方程的任意一个特解，而 $\bar{y}_t$ 是对应齐次

方程的通解，则非齐次方程的通解为

$$y_t = y_t^* + \overline{y}_t \quad （请读者自己验证）$$

所以问题就归结为：只要求出非齐次方程的一个特解 y_t^*.

若非齐次方程右端函数

$$f(t) = b^t P_m(t) \quad (b \neq 0)$$

其中 $P_m(t)$ 是已知的 m 次多项式，即 $f(t)$ 是指数函数与多项式的乘积类型，则可以证明：非齐次方程的特解形式为

$$y_t^* = \begin{cases} b^t Q_m(t), b \text{ 不是特征根 } a \\ b^t t Q_m(t), b \text{ 是特征根 } a \end{cases}$$

其中 $Q_m(t)$ 是 m 次多项式，有 $m+1$ 个待定系数，把 y_t^* 代入非齐次方程后用比较系数法求出.

例 9.5.3　求差分方程 $y_{t+1} - 2y_t = 5t^2 + 1$ 的通解.

解　由特征方程 $r - 2 = 0$ 得特征根 $r = 2$，相应的齐次方程的通解为 $\overline{y}_t = C2^t$.

又 $f(t) = 5t^2 + 1 = 1^t(5t^2 + 1)$，$b = 1$ 不是特征根，故可设特解为

$$y_t^* = A_2 t^2 + A_1 t + A_0$$

代入原方程，再比较系数得 $A_2 = -5$，$A_1 = -10$，$A_0 = -16$，因此

$$y_t^* = -(5t^2 + 10t + 16)$$

从而原方程的通解为

$$y_t = y_t^* + \overline{y}_t = -(5t^2 + 10t + 16) + C2^t$$

例 9.5.4　求差分方程 $y_{t+1} - y_t = t + 1$ 满足 $y_0 = 1$ 的特解.

解　由特征方程 $r - 1 = 0$ 得特征根 $r = 1$，对应的齐次方程的通解 $\overline{y}_t = C$.

由于 $b = 1$ 是特征方程的根，于是令 $y_t^* = t(b_0 t + b_1) = b_0 t^2 + b_1 t$ 代入原方程，得

$$b_0(t+1)^2 + b_1(t+1) - b_0 t^2 - b_1 t = t + 1$$

比较两边同次幂的系数，得

$$b_0 = \frac{1}{2}, b_1 = \frac{1}{2}$$

于是

$$y_t^* = \frac{1}{2}t^2 + \frac{1}{2}t$$

所以原方程的通解为

$$y_t = C + \frac{1}{2}t^2 + \frac{1}{2}t$$

又由 $y_0 = 1$，得 $C = 1$，故原方程满足初始条件的特解为

$$y_t = 1 + \frac{1}{2}t^2 + \frac{1}{2}t$$

例 9.5.5（分期偿还贷款模型）　设从银行贷款 P_0 元，月利率为 p，这笔贷款要在 m 个月内按月等额归还，试问每月应偿还多少？

解　设 y_t 是第 t 个月还欠的款额，要求每月偿还 a 元，得差分方程定解问题

$$\begin{cases} y_{t+1} - (1-p)y_t = -a \\ y_0 = P_0 \\ y_m = 0 \end{cases}$$

显然对应齐次方程的通解为 $\overline{y}_t = C(1+p)^t$. 而非齐次项 $f(t) = -a$ [或 $=1^t(-a)$]，$b=1$ 不是特征根，故可设

$$y_t^* = A_0$$

代入原方程，再比较系数得

$$A_0 = \frac{a}{p}$$

从而原方程的通解为

$$y_t = \frac{a}{p} + C(1+p)^t$$

由初始条件及偿还条件得

$$\begin{cases} y_0 = P_0 = \dfrac{a}{p} + C \\ y_m = 0 = \dfrac{a}{p} + C(1+p)^m \end{cases}$$

消去 C 得

$$a = \frac{P_0 p (1+p)^m}{(1+p)^m - 1}$$

此即为每月应偿还的款额.

例如，某同学一年级贷款 1000 元，二年级贷款 1000 元，计划大学学习四年毕业后用两年时间偿还，贷款年利率为 7%，则毕业时实际需偿还额为

$$P_0 = 1000(1+0.07)^4 + 1000(1+0.07)^3 = 2535.84(\text{元})$$

月利率为 $p = \dfrac{0.07}{12}$，分 $m = 2 \times 12 = 24$ 个月偿还，由例 9.5.5 可知每月应还款

$$a = \frac{2535.84 \times \dfrac{0.07}{12} \times \left(1 + \dfrac{0.07}{12}\right)^{24}}{\left(1 + \dfrac{0.07}{12}\right)^{24} - 1} \approx 113.5(\text{元})$$

习　题　9.5

1. 下列式子中是差分方程的有 （　　）.

A. $2\Delta y_t = y_t + t$

B. $\Delta^2 y_t = y_{t+2} - 2y_{t+1} + y_t$

C. $-2\Delta y_t = 2y_t + 3t$

2. 求下列差分方程的通解及特解.

(1) $y_{t+1} - 5y_t = 3 \left(y_0 = \dfrac{7}{3} \right)$

(2) $y_{t+1} + y_t = 2^t$ （$y_0 = 2$）

(3) $y_{t+1} + 4y_t = 2t^2 + t - 1$ （$y_0 = 1$）

(4) $y_{t+1} - \dfrac{1}{2} y_t = \left(\dfrac{5}{2} \right)^t$ （$y_0 = -1$）

3. 设 S_t 为 t 年末存款总额，r 为年利率，设 $S_{t+1} = S_t + rS_t$，且初始存款为 S_0，求 t 年末的本利和.

4 某房屋总价 80 万元，先付三成就可入住，剩余的以年利率 4.8% 向银行贷款，20 年付清，问平均每月需付多少元？共付利息多少元？

总 习 题 九

1. 填空.

(1) $xy''' + 2x^2 y'^2 + x^3 y = x^4 + 1$ 是_____阶微分方程.

(2) 一阶线性微分方程 $y' + P(x)y = Q(x)$ 的通解为_____.

(3) 与积分方程 $y = \int_0^x f(x, y)\mathrm{d}x$ 等价的微分方程的初值问题是_____.

(4) 以 $y = C_1 e^{2x} + C_2 e^{3x}$（$C_1$，$C_2$ 是任意常数）为通解的微分方程为_____.

2. 求下列微分方程的通解.

(1) $x\dfrac{\mathrm{d}y}{\mathrm{d}x} = y(1 + \ln y - \ln x)$

(2) $xy' - y = 2\sqrt{xy}$

(3) $\dfrac{\mathrm{d}y}{\mathrm{d}x} + \dfrac{e^{y^2 + x}}{y} = 0$

(4) $y' + y\tan x = \cos x$

(5) $xy'' + y' = 1$

(6) $y'' - 4y' + 3y = e^{2x}$

3. 求下列微分方程的特解.

(1) $\cos y\,\mathrm{d}x + (1 + e^{-x})\sin y\,\mathrm{d}y = 0, y|_{x=0} = \dfrac{\pi}{4}$

(2) $xy' + (1 - x)y = e^{2x}$ （$x > 0$）, $y|_{x=1} = 0$

(3) $x^2 y' + xy = y^2$, $y|_{x=1} = 1$

(4) $\begin{cases} y'' + y' - 6y = 6e^{3x} \\ y(0) = 1, y'(0) = 4 \end{cases}$

4. 已知曲线经过点 (1，1)，它的切线在纵轴上的截距等于切点的横坐标，求曲线的方程.

5. 若贷款 2500 元，月利率为 1%，要在 12 个月内用分期付款的方式偿还，平均每月要付款多少元？共付利息多少元？

6. 设某产品在第 t 个时间段的价格为 P_t，总供给为 S_t，总需求为 D_t，且三者之间满足如下关系：

$$S_t = 2P_t, \quad D_t = -4P_{t-1} + 5, \quad S_t = D_t$$

(1) 求价格 P_t 满足的差分方程.

(2) 已知 P_0 时，求差分方程的解.

数学家简介——欧拉

莱昂哈德·欧拉（Leonhard Euler, 1707—1783），瑞士数学家、自然科学家。他有"数学英雄"的美誉。欧拉是 18 世纪最优秀的数学家，也是历史上最伟大的数学家之一，是人类历史上最有影响的一百人之一。

欧拉出生于牧师家庭，自幼受父亲的影响。13 岁时入读巴塞尔大学，15 岁大学毕业，16 岁获得硕士学位。

欧拉是 18 世纪数学界最杰出的人物之一，他不但为数学界作出贡献，更把整个数学推至物理的领域。欧拉是数学历史上最多产的学者之一。欧拉有名的发现，可以列一张长表。直到今天，我们在数学及其应用的重要分支中，常常可以看到欧拉的名字：欧拉常数、欧拉方程、欧拉定理、欧拉级数等。此外欧拉还涉及建筑学、弹道学、航海学等领域。

1988 年秋，英国数学教育家大卫魏尔斯，在一家著名的国际性数学普及杂志《数学智力》发表了一篇文章《哪一个是最美的》，文中列出 24 条数学定理。作者要求世界各地的数学爱好者对每一条数学定理，根据她们"美"的程度打上 0 到 10 之间的一个分数。24 位"小姐"被提名后一年多，评选结果出来了。

正如一些人期待的那样，"$e^{(i\pi)}+1=0$"以 7.7 分独占鳌头，获得"最美的数学定理"称号，成为"数学皇后定理".

"欧拉的多面体公式 $V+F=E+2$"与"素数的个数是无限的"都是 7.5 分，并列第二名，屈居"数学定理的左、右榜眼"位置.

"存在五个正多面体"以 7.0 的同样分数并列第四名，成为"数学定理的左、右探花".其余"佳丽"分获第 6～24 名.

"1"是正整数的起始数，"0"是自然数的起始数，是坐标系的原点，是运动过程的起点。圆周率"π"是科学中最著名和用得最多的一个数。"e"是自然对数的底。"π、e"也是最常用、最重要的无理数、超越数，"i"是虚数单位。这样几个最重要、最特殊的数简洁、和谐、奇异地统一在同一个等式中，大有"神来之笔"之感，令人拍案叫绝。

2004 年《物理世界》杂志，将她和麦克斯韦方程组一起列为最伟大的等式。也难怪巴黎凡尔赛宫将其"画像"悬挂于数学史陈列室的墙上，供世人驻足欣赏、顶礼膜拜。

《欧拉神话般的公式》的作者，在书中称她为"数学美的典范"。

康斯坦斯·里德称她为"最卓越的数学公式"，而理查德·费曼把她唤作"欧拉的宝石"。

伟大的高斯更是语出惊人："如果被告知这个公式的学生不能立即领略她的风采，这个学生将永远不会成为一流的数学家。"

欧拉是历史上最多产的数学家。瑞士自然科学基金会组织编写《欧拉全集》，计划出84 卷，每卷都是 4 开本（一张报纸大小）。如果按每本 300 页计算，欧拉从 18 岁开始每天得写一张半纸。然而这些只是遗存的作品，欧拉的手稿在 1771 年彼得堡大火中还丢失了一部分。欧拉曾说他的遗稿大概够彼得堡科学院用 20 年。但实际上在他去世后的第 80年，彼得堡科学院院报还在发表他的论著。所以美国数学史家克莱茵说："没有一个人像他那样多产，像他那样巧妙地把握数学；也没有一个人能以收集和利用代数、几何、分析的手段去产生那么多令人钦佩的结果，他是顶呱呱的方法发明家。"

1783 年 9 月 18 日，晚餐后，欧拉一边喝着茶，一边和小孙女玩耍，突然之间，烟斗从他手中掉了下来。他说了一句："我要死了"，就失去知觉。晚上 11 时欧拉停止了呼吸。

法国哲学家兼数学家孔多塞在圣彼得堡科学院和巴黎科学院的追悼会上悼词的结尾耐人寻味地说："欧拉停止了生命，也停止了计算。"

"天才在于勤奋，欧拉就是这条真理的化身。"数学史专家李文林表示，"很多科学家都很勤奋，而欧拉最为典型。"

教师胡作玄认为，欧拉的成功说明了一个人的潜能。

高斯曾说："要像欧拉那样做，我的眼睛也要瞎了。一个人要想做事是没有问题的，只是现在社会比较复杂，我们应该为科学而科学，为艺术而艺术。"

除了做学问，欧拉还很有管理天赋，他曾担任德国柏林科学院院长助理职务，并将工作做得卓有成效。李文林说："有人认为科学家尤其数学家都是些怪人，其实只不过数学家会有不同的性格、阅历和命运罢了。牛顿、莱布尼茨都终身未婚，欧拉却不同。"欧拉喜欢音乐、生活丰富多彩，结过两次婚，生了 13 个孩子，存活 5 个，据说工作时往往儿孙绕膝。

回顾欧拉的一生，李文林认为："虽然他 20 岁离开瑞士，一直没有回去过，但他却是一个爱国者，至死没有改变国籍。所以现在我们还能说他是瑞士数学家。"

欧拉从前的导师约翰·伯努利早在 1728 年的信中就称他为"最善于学习和最有天赋的科学家"和"最驰名和最博学的数学家"。

欧拉计算起来轻松自如，就像人们呼吸，鹰在空中飞翔。

——阿拉戈（法国物理学家、天文学家）

学习欧拉的著作，乃是认识数学最好的工具。

——高斯（德国著名数学家）

读欧拉的著作吧，在任何意义上，他都是我们的大师。

——拉普拉斯（法国数学家、物理学家）

习 题 答 案

第 6 章

习题 6.2

1. (1) $\{(x,y)\mid x^2+y^2\leqslant 9,x^2-y>0\}$　　(2) $\{(x,y)\mid x+y+2>0\}$

　(3) $\{(x,y)\mid 4x^2+y^2\geqslant 1\}$　　　　　(4) $\{(x,y)\mid x^2+y^2<1,4x-y^2\geqslant 0\}$

2. (1) a　　　(2) $\dfrac{1}{4}$　　　(3) 0

3. 提示：令 $y=k\sqrt{x}$.

习题 6.3

1. (1) $\dfrac{\partial z}{\partial x}=y+\dfrac{1}{y},\dfrac{\partial z}{\partial y}=x-\dfrac{x}{y^2}$　　　　(2) $\dfrac{\partial z}{\partial x}=\dfrac{1}{x+\ln y},\dfrac{\partial z}{\partial y}=\dfrac{1}{x+\ln y}\cdot\dfrac{1}{y}$

　(3) $\dfrac{\partial z}{\partial x}=y\mathrm{e}^{xy},\dfrac{\partial z}{\partial y}=x\mathrm{e}^{xy}$　　　　(4) $\dfrac{\partial z}{\partial x}=3x^2y+6xy^2-y^3,\dfrac{\partial z}{\partial y}=x^3+6x^2y-3xy^2$

2. 1

3. (1) $\dfrac{\partial^2 z}{\partial x^2}=2\mathrm{e}^y,\dfrac{\partial^2 z}{\partial x\partial y}=2x\mathrm{e}^y,\dfrac{\partial^2 z}{\partial y^2}=x^2\mathrm{e}^y$

　(2) $\dfrac{\partial^2 z}{\partial x^2}=\dfrac{x+2y}{(x+y)^2},\dfrac{\partial^2 z}{\partial x\partial y}=\dfrac{y}{(x+y)^2},\dfrac{\partial^2 z}{\partial y^2}=\dfrac{-x}{(x+y)^2}$

　(3) $\dfrac{\partial^2 z}{\partial x^2}=\dfrac{2xy}{(x^2+y^2)^2},\dfrac{\partial^2 z}{\partial x\partial y}=\dfrac{y^2-x^2}{(x^2+y^2)^2},\dfrac{\partial^2 z}{\partial y^2}=\dfrac{-2xy}{(x^2+y^2)^2}$

习题 6.4

1. (1) $\mathrm{d}z=\left(y+\dfrac{1}{y}\right)\mathrm{d}x+\left(x-\dfrac{x}{y^2}\right)\mathrm{d}y$　　　(2) $\mathrm{d}z=-\dfrac{1}{x}\mathrm{d}x+\dfrac{1}{y}\mathrm{d}y$

　(3) $\mathrm{d}z=-y\sin(xy)\mathrm{d}x-x\sin(xy)\mathrm{d}y$

　(4) $\mathrm{d}z=yx^{y-1}\mathrm{d}x+x^y\ln y\mathrm{d}y$

2. $\mathrm{d}z\big|_{(2,1)}=\dfrac{4}{7}\mathrm{d}x+\dfrac{2}{7}\mathrm{d}y$

3. $\dfrac{1}{12}$

习题 6.5

1. (1) $\dfrac{(x\ln x-1)\mathrm{e}^x}{x\ln^2 x}$　　(2) $\dfrac{\partial z}{\partial x}=2x\mathrm{e}^{x^2-y^2}(1+x^2+y^2),\dfrac{\partial z}{\partial y}=2y\mathrm{e}^{x^2-y^2}(1-x^2-y^2)$

　(3) $\dfrac{\partial z}{\partial x}=-\dfrac{2y^2}{x^3}\ln(x^2+y^2)+\dfrac{2y^2}{x^2+y^2}\cdot\dfrac{1}{x},\dfrac{\partial z}{\partial y}=\dfrac{2y}{x^2}\ln(x^2+y^2)+\dfrac{2y^3}{x^2}\cdot\dfrac{1}{x^2+y^2}$

2. $\dfrac{\partial z}{\partial x}=f_1'\cdot(2x)+f_2'\cdot\mathrm{e}^{xy}\cdot y,\dfrac{\partial z}{\partial y}=f_1'\cdot(-2y)+f_2'\cdot\mathrm{e}^{xy}\cdot x$

3. 0

4. $-\dfrac{x}{y^2}f_{12}-\dfrac{x}{y^3}f_{22}-\dfrac{1}{y^2}f_2$

习题 6.6

1. (1) $\dfrac{dy}{dx}=\dfrac{y^2-e^x}{\cos y-2xy}$　(2) $\dfrac{dy}{dx}=-\dfrac{1+y}{1+x}$　(3) $\dfrac{dy}{dx}=\dfrac{x+y}{x-y}$

2. (1) $\dfrac{\partial z}{\partial x}=\dfrac{yz}{e^z-xy},\dfrac{\partial z}{\partial y}=\dfrac{xz}{e^z-xy}$　(2) $\dfrac{\partial z}{\partial x}=\dfrac{ye^{-xy}}{e^z-2},\dfrac{\partial z}{\partial y}=\dfrac{xe^{-xy}}{e^z-2}$

(3) $\dfrac{\partial z}{\partial x}=\dfrac{2z}{3z^2-2x},\dfrac{\partial z}{\partial y}=\dfrac{-1}{3z^2-2x}$

3. (略)

习题 6.7

1. (1) 极大值 $f(0,3)=-9$　(2) 极小值 $f(1,1)=2$　(3) 极小值 $f(-2,1)=-2e^{-1}$

2. (1) 极大值 $z(1,1)=1$　(2) 极大值 $z\left(\dfrac{ab^2}{a^2+b^2},\dfrac{a^2b}{a^2+b^2}\right)=\dfrac{a^2b^2}{a^2+b^2}$

3. (1) $z_{\max}=z(4,1)=7,z_{\min}=z\left(\dfrac{4}{3}+\sqrt{6},-1\right)=11.67$

(2) $z_{\max}=z\left(\dfrac{\sqrt{3}}{3},\pm\dfrac{\sqrt{6}}{3}\right)=\dfrac{2\sqrt{3}}{9},z_{\min}=z\left(\dfrac{4}{3}+\sqrt{6},-1\right)=z\left(\dfrac{\sqrt{3}}{3},\pm\dfrac{\sqrt{6}}{3}\right)=-\dfrac{2\sqrt{3}}{9}$

4. 当 $|a|\geqslant\dfrac{1}{2}$ 时，最小距离为 $\sqrt{a-\dfrac{1}{4}}$；当 $a<\dfrac{1}{2}$ 时，最小距离为 $|a|$.

5. 当储存投资为 6 千元，广告开支为 3 千元时，收入额最大，最大收入额为 $R(6.3)=$ 40 千元.

6. A,B 分别为 $100,25$.

总习题六

一、1. B　2. A　3. A　4. A　5. C　6. D

二、1. 充分　2. $\dfrac{y-2z}{2z}$　3. π^2e^{-2}　4. 大

三、1. $(f''_{11}\cdot xe^y+f''_{13})e^y+f'_1\cdot e^y+f''_{21}\cdot xe^y+f''_{23}$　2. $\dfrac{1}{2}$　3. $\dfrac{\partial z}{\partial x}=\dfrac{y}{1+e},\dfrac{\partial z}{\partial y}=\dfrac{x}{1+e^z}.$

4. $\dfrac{\partial u}{\partial x}=f'_1\cdot y+f'_2\cdot\dfrac{x}{x^2+y^2},\dfrac{\partial u}{\partial y}=f'_1\cdot x+f'_2\cdot\dfrac{y}{x^2+y^2}$

5. 在 $(0,0)$ 处，极小值 $f(0,0)=1$，在 $(2,0)$ 处，极大值 $f(2,0)=\ln 5+\dfrac{7}{15}$.

6. $x=90,y=140$

第 7 章

习题 7.1

1. (1) $I_1>I_2$　(2) $I_1<I_2$　2. (1) $4\leqslant I\leqslant 10$　(2) $4\pi\leqslant I\leqslant 20\pi$

习题 7.2

1. (1) $\dfrac{2}{3}$　(2) $\dfrac{9}{2}$　(3) $\dfrac{1}{36}$　(4) 1

2. (1) $\displaystyle\int_0^1 \mathrm{d}x \int_{x^2}^x f(x,y)\mathrm{d}y$ (2) $\displaystyle\int_0^4 \mathrm{d}x \int_{\frac{x}{2}}^{\sqrt{x}} f(x,y)\mathrm{d}y$

(3) $\displaystyle\int_0^1 \mathrm{d}y \int_{e^y}^e f(x,y)\mathrm{d}x$ (4) $\displaystyle\int_{-1}^0 \mathrm{d}y \int_{-2\sqrt{y+1}}^{2\sqrt{y+1}} f(x,y)\mathrm{d}x + \int_0^8 \mathrm{d}y \int_{-2\sqrt{y+1}}^{2-y} f(x,y)\mathrm{d}x$

(5) $\displaystyle\int_0^2 \mathrm{d}x \int_{2x}^{6-x} f(x,y)\mathrm{d}y$

3. $\dfrac{5}{6}$

4. 略.

5. 提示：利用对称性，$\dfrac{4}{5}$.

习题 7.3

1. (1) $\dfrac{\pi}{4}(2\ln 2-1)$ (2) $\dfrac{k^3}{3}\left(\pi-\dfrac{4}{3}\right)$ (3) 3π (4) $\dfrac{3}{64}\pi^2$ (5) $\dfrac{9}{4}$

2. (1) $\displaystyle\int_0^{\frac{\pi}{2}} \mathrm{d}\theta \int_0^{2a\cos\theta} f(r\cos\theta, r\sin\theta)r\,\mathrm{d}r$ (2) $\displaystyle\int_0^{\frac{\pi}{2}} \mathrm{d}\theta \int_0^{a} f(r\cos\theta, r\sin\theta)r\,\mathrm{d}r$

   (3) $\displaystyle\int_0^{\pi} \mathrm{d}\theta \int_0^{2a\sin\theta} f(r\cos\theta, r\sin\theta)r\,\mathrm{d}r$ (4) $\displaystyle\int_{\frac{\pi}{4}}^{\frac{\pi}{3}} \mathrm{d}\theta \int_0^{2\sec\theta} f(r)r\,\mathrm{d}r$

3. (1) $\dfrac{1}{2}$ (2) $\dfrac{1}{2}$

总习题七

一、1. A   2. B   3. C   4. C   5. B

二、1. $\displaystyle\int_0^{2\pi} \mathrm{d}\theta \int_0^1 f(r^2)r\,\mathrm{d}r$ 2. $-\pi$ 3. 4π 4. πR^2 5. $\displaystyle\int_0^3 \mathrm{d}x \int_0^x f(x,y)\mathrm{d}y$

三、1. $\dfrac{16}{3}$ 2. $\dfrac{1}{2}-\dfrac{\pi}{8}$ 3. $\displaystyle\int_0^1 \mathrm{d}y \int_{e^y}^e f(x,y)\mathrm{d}x$ 4. $\pi(\cos\pi^2-\cos 4\pi^2)$ 5. 6

四、提示：右边交换积分顺序.

第 8 章

习题 8.1

1. (1) 发散   (2) $2a-a_1$ (3) $\dfrac{2}{n(n+1)}$ (4) $\dfrac{\pi^2}{8}$

2. (1) $\dfrac{3}{4}$ (2) $\dfrac{3}{2}$ (3) $\dfrac{1}{5}$ (4) $\dfrac{3}{4}$

3. (1) 发散   (2) 收敛   (3) 发散   (4) 发散   (5) 收敛   (6) 发散

习题 8.2

1. (1) 收敛   (2) 收敛   (3) 发散   (4) 收敛   (5) 收敛   (6) 发散

2. (1) 发散   (2) 发散   (3) 收敛   (4) 收敛

3. (1) 收敛   (2) 发散   (3) $a=1$，发散；$0<a\neq 1$，收敛   (4) 发散

4. 提示：用比较审敛的极限形式证明.

习题 8.3

1. (1) 收敛   (2) 收敛   (3) 发散   (4) 收敛

2. （1）绝对收敛　（2）发散　（3）发散　（4）条件收敛

3. 略.

习题 8.4

1. （1）$R=1,(-1,1]$　　　　　（2）$R=+\infty,(-\infty,+\infty)$

（3）$R=\sqrt{3},(-\sqrt{3},\sqrt{3})$　　　（4）$R=1,(-1,1)$

（5）$R=1,[3,5)$　　　　　（6）$R=\sqrt{2},(1-\sqrt{2},1+\sqrt{2})$

2. （1）$-\ln(1-x)$　（2）$\dfrac{x}{(1-x)^2}$　（3）$\dfrac{1}{2}\ln\dfrac{1+x}{1-x}$　（4）$\dfrac{2x}{(1-x)^3}$

3. $[0,4)$

4. $-\ln(1-x),\ln2$

习题 8.5

1. （1）$\displaystyle\sum_{n=0}^{\infty}(-1)^{n-1}\dfrac{x^{2n}}{n!},\ x\in(-\infty,+\infty)$

（2）$\displaystyle\sum_{n=1}^{\infty}(-1)^{n-1}\dfrac{x^{2n-1}}{(2n-1)!}\cdot\dfrac{1}{3^{2n-1}},\ x\in(-\infty,+\infty)$

（3）$\displaystyle\sum_{n=0}^{\infty}\dfrac{x^n}{5^{n+1}},\ x\in(-5,5)$

（4）$\displaystyle\sum_{n=0}^{\infty}(-1)^n\dfrac{x^{n+1}}{4^{n+1}(n+1)},\ x\in(-4,4]$

（5）$\displaystyle\sum_{n=1}^{\infty}nx^{n-1},\ x\in(-1,1)$

（6）$-\dfrac{1}{4}+\displaystyle\sum_{n=0}^{\infty}\left[\dfrac{1}{3^{n+1}}+(-1)^n\right]x^n,\ x\in(-1,1)$

2. $\cos x=\dfrac{1}{2}\displaystyle\sum_{n=0}^{\infty}(-1)^n\left[\dfrac{1}{(2n)!}\left(x+\dfrac{\pi}{3}\right)^{2n}+\dfrac{\sqrt{3}}{(2n+1)!}\left(x+\dfrac{\pi}{3}\right)^{2n+1}\right],\ x\in(-\infty,+\infty)$

3. $\mathrm{e}\displaystyle\sum_{n=0}^{\infty}\dfrac{(x-1)^n}{n!},\ x\in(-\infty,+\infty)$

4. $\displaystyle\sum_{n=1}^{\infty}(-1)^{n-1}\dfrac{(x-2)^{n-1}}{4},\ x\in(-2,6)$

总习题八

一、1. A　2. C　3. C　4. A　5. D　6. D

二、1. 收敛　2. $\dfrac{1}{n(n+1)}$　3. $\dfrac{\ln3}{4-2\ln3}$　4. 3，$(-3,3)$

5. $\displaystyle\sum_{n=0}^{\infty}\dfrac{(-1)^nx^{n+2}}{n!}$　　6. 绝对收敛

三、1. （1）绝对收敛　（2）绝对收敛

2. $R=5,(-5,5)$　　3. $R=\dfrac{1}{\sqrt{2}},\left[-\dfrac{1}{\sqrt{2}},\dfrac{1}{\sqrt{2}}\right]$

4. $R=3,[-3,3]$　　5. $R=1,(-1,1),s(x)=1+\dfrac{2x^2}{(1-x^2)^2}$

6. $(-\infty, +\infty)$, $s(x)=(2x^2+1)\mathrm{e}^{x^2}-1,3\mathrm{e}-1$

7. $\displaystyle\sum_{n=1}^{\infty}(-1)^{n+1}\frac{(x-3)^{n-1}}{3^{n+1}}$, $x\in(0,6)$

第 9 章

习题 9.1

1. （1）通解　　（2）特解　　（3）特解　　（4）通解　　（5）通解

2. $y=x\mathrm{e}^x$　　3. $\dfrac{\mathrm{d}w}{\mathrm{d}t}=0.08w-100$

习题 9.2

1. （1）$y=\dfrac{1}{2}x^2+\dfrac{1}{5}x^3+c$　　　　（2）$(x-4)y^4=cx$

（3）$10^{-y}+10^x=c$　　　　（4）$\mathrm{e}^{\frac{x}{y}}=cx$

（5）$y=\dfrac{1}{cx}\cdot\mathrm{e}^{-\cos x}$　　　　（6）$\dfrac{1+y^2}{1-x^2}=c$

2. （1）$x^2y=4$　　（2）$\ln y=\tan\dfrac{x}{2}$　　（3）$y^2=2x^2(\ln x+2)$　　（4）$\mathrm{e}^y=\dfrac{1}{2}\mathrm{e}^{2x}+\dfrac{1}{2}$

3. （1）$y=(x+c)\mathrm{e}^{-x}$　　　　（2）$y=(x+c)\mathrm{e}^{-\sin x}$

（3）$y=\dfrac{x^2}{3}+\dfrac{3}{2}x+2+\dfrac{c}{x}$　　　　（4）$y=c\cos x-2\cos^2 x$

（5）$y=2+c\cdot\mathrm{e}^{-x^2}$　　　　（6）$2x\ln y=\ln^2 y+c$

（7）$y=(x-2)^3+c(x-2)$　　　　（8）$x=cy^3+\dfrac{1}{2}y^2$

4. $f(x)=-2+\dfrac{1}{2}\mathrm{e}^{\frac{x^2}{2}}$

5. $c(x)=3\mathrm{e}^x(1+2\mathrm{e}^{3x})^{-1}$

习题 9.3

1. （1）$y=\dfrac{x^3}{6}+\mathrm{e}^x+c_1x+c_2$　　　　（2）$y=c_1\ln x+c_2$

（3）$y=c_1\mathrm{e}^x+c_2x+c_3$　　　　（4）$y=\dfrac{x^3}{6}-\sin x+c_1x+c_2$

（5）$y=c_1\mathrm{e}^x+c_2-x-\dfrac{x^2}{2}$　　　　（6）$y=-\ln\cos(x+c_1)+c_2$

2. （1）$y=\sqrt{2x-x^2}$　　（2）$y=-\dfrac{1}{a}\ln(ax+1)$　　（3）$\mathrm{e}^{2y}=\sec^2 x$

习题 9.4

1. （1）$y=c_1\mathrm{e}^{2x}+c_2\mathrm{e}^{3x}$　　　　　　（2）$y=\mathrm{e}^{\frac{5x}{2}}(c_1+c_2x)$

（3）$y=\mathrm{e}^{-x}(c_1\cos 2x+c_2\sin 2x)$　　　　（4）$y=c_1\mathrm{e}^{\frac{x}{2}}+c_2\mathrm{e}^{-x}+\mathrm{e}^x$

（5）$y=c_1+c_2\mathrm{e}^{-9x}+x\left(\dfrac{x}{18}+\dfrac{37}{81}\right)$　　　　（6）$y=(c_1+c_2x)\mathrm{e}^{3x}+\dfrac{x^2}{2}\left(\dfrac{x}{3}+1\right)\mathrm{e}^{3x}$

2. (1) $y=4e^x+2e^{3x}$ (2) $y=2e^x(1-x)$ (3) $y=\dfrac{4}{3}e^{4x}\sin3x$

(4) $y=e^x(1-x+x^2)-e^{-x}$ (5) $y=-5e^x+\dfrac{7}{2}e^{2x}+\dfrac{5}{2}$

3. $y=\dfrac{2}{3}e^{2x}-e^{-x}\left(\dfrac{2}{3}+x\right)$

习题 9.5

1. A

2. (1) $y_t=-\dfrac{3}{4}+c5^t$, $y_t=-\dfrac{3}{4}+\dfrac{37}{12}\times5^t$

(2) $y_t=\dfrac{1}{3}\times2^t+c(-1)^t$, $y_t=\dfrac{1}{3}\times2^t+\dfrac{5}{3}\times(-1)^t$

(3) $y_t=-\dfrac{36}{125}+\dfrac{1}{25}t+\dfrac{2}{5}t^2+c(-4)^t$, $y_t=-\dfrac{36}{125}+\dfrac{1}{25}t+\dfrac{2}{5}t^2+\dfrac{161}{125}\times(-4)^t$

(4) $y_t=\dfrac{1}{2}\times\left(\dfrac{5}{2}\right)^t+c\left(\dfrac{1}{2}\right)^t$, $y_t=\dfrac{1}{2}\times\left(\dfrac{5}{2}\right)^t-\dfrac{3}{2}\times\left(\dfrac{1}{2}\right)^t$

3. $s_t=s_0(1+r)^t$

总习题九

1. (1) 3   (2) $y=e^{-\int P(x)\mathrm{d}x}\left[\int Q(x)e^{\int P(x)\mathrm{d}x}\mathrm{d}x+C\right]$

(3) $y(0)=0$ (4) $y''-5y'+6y=0$

2. (1) $y=xe^{cx}$ (2) $y=x\ln^2cx$

(3) $\dfrac{1}{2}e^{y^2}=e^x+c$ (4) $y=\cos x(x+c)$

(5) $y=x+c_1\ln x+c_2$ (6) $y=c_1e^x+c_2e^{3x}-e^{2x}$

3. (1) $\cos y=\dfrac{1}{4}(1+e^x)$ (2) $y=\dfrac{e^x}{x}(e^x-e)$

(3) $y=\dfrac{2x}{1+x^2}$ (4) $y=\dfrac{1}{5}e^{2x}-\dfrac{1}{5}e^{-3x}+e^{3x}$

4. $y=x-x\ln x$

5. 略   6. 略

参 考 文 献

［1］ 吴传生．经济数学——微积分[M].2 版．北京:高等教育出版社,2009.

［2］ 吴传生．经济数学——微积分[M].2 版学习辅导与习题选讲．北京:高等教育出版社,2009.

［3］ 同济大学应用数学系．高等数学[M].5 版．北京:高等教育出版社,2002.

［4］ 张彤,徐延安．微积分[M].北京:高等教育出版社,2011.

［5］ 苏德旷,金蒙伟．微积分[M].北京:高等教育出版社,2008.

［6］ 胡桂华,吴明华．微积分[M].北京:高等教育出版社,2011.

［7］ 朱来义．微积分[M].北京:高等教育出版社,2010.

［8］ 陆少华．微积分[M].上海:上海交通大学出版社,2002.

［9］ 张志军,熊德之,杨雪帆．经济数学基础——微积分[M].北京:科学出版社,2011.

［10］ 欧阳隆．高等数学[M].武汉:武汉大学出版社,2008.

［11］ 杜忠复．大学数学——微积分[M].北京:高等教育出版社,2004.

［12］ 赵利彬．高等数学[M].上海:同济大学出版社,2007.

［13］ 龚德恩,范培华．经济应用数学基础(一)微积分[M].北京:高等教育出版社,2008.

［14］ 龚德恩,范培华．微积分[M].北京:高等教育出版社,2008.

［15］ 黄玉娟,等．经济数学——微积分[M].北京:中国水利水电出版 2014.

［16］ 吴赣昌．微积分(经管类)[M].4 版．北京:中国人民大学出版社,2011.